专业能力水平评价培训教程

美甲师（中级）

人力资源和社会保障部教材办公室　组织编写

中国劳动社会保障出版社

图书在版编目（CIP）数据

美甲师：中级 / 人力资源和社会保障部教材办公室组织编写. -- 北京：中国劳动社会保障出版社，2018

专业能力水平评价培训教程

ISBN 978-7-5167-3448-3

I.①美… Ⅱ.①人… Ⅲ.①指（趾）甲–化妆–技术培训–教材 Ⅳ.①TS974.15

中国版本图书馆CIP数据核字（2018）第081920号

中国劳动社会保障出版社出版发行

（北京市惠新东街 1 号　邮政编码：100029）

*

北京市艺辉印刷有限公司印刷装订　新华书店经销

787 毫米 × 1092 毫米　16 开本　10 印张　154 千字

2018 年 9 月第 1 版　2018 年 9 月第 1 次印刷

定价：35.00 元

读者服务部电话：（010）64929211/84209101/64921644

营销中心电话：（010）64962347

出版社网址：http://www.class.com.cn

编审委员会

本书编审人员

主　编：**李安**

副主编：**黄端**

田凤

范亮

李升宝

特约专家：王季顺

陈慧芳

肖　杰

毛明华

感谢单位

 中国玉指美甲艺术学会组织专家编写

 北京李安玉指美甲艺术职业技能培训学校

 上海惠而顺精密工具有限公司提供优质打磨头

 天美国际提供系列凝胶

 亚洲美甲提供系列凝胶灯

 广州北鸥化妆品有限公司提供雕花胶

 广州绿越化工有限公司提供甲油胶

 天津七琪美甲用品有限公司提供甲片

前　言

　　为推动美甲师职业技术培训和专业能力水平评价考试，在美甲从业人员中推行科学、系统的职业规范，由人力资源和社会保障部教材办公室组织、北京李安玉指美甲艺术职业技能培训学校具体实施编写了美甲师专业能力水平评价培训教程。教程在内容上，力求体现"以职业活动为导向，以职业技能为核心"的指导思想，突出职业技能水平培训特色；在结构上，针对美甲师职业相关的领域，按照模块化的方式，分为初级、中级、高级、技师、高级技师 5 个级别进行编写。

　　教程紧密结合国际美甲技术时尚潮流，是职业水平评价工作全球华语教程的必备辅导用书，也可作为辅导从业人员专业技能提升的相关教材。

　　美甲不仅是指尖上的艺术，更是时尚、潮流与活力青春的象征。随着世界经济的发展及全球文化的交融，人们对美的认知发生了巨大变化，美甲正成为极具潜力、前景光明的产业。我国美甲将紧随时代潮流，在世界美甲产业发展中塑造具有民族文化特色的美甲产业新形象。

　　由于时间仓促，不足之处欢迎读者提出宝贵意见和建议。

目 录

第1章　接待咨询 ……………………………………… 1

第1节　接待 …………………………………… 1

第2节　咨询 …………………………………… 17

第2章　失调性指甲护理 …………………………… 22

第1节　认识各种失调性指甲 ………………… 22

第2节　修复咬残的指甲 ……………………… 28

第3章　手、足部皮肤养护 ………………………… 33

第1节　手部皮肤护理 ………………………… 33

第2节　足部皮肤护理 ………………………… 43

第4章　人造指甲的制作和卸除 …………………… 55

第1节　制作水晶指甲 ………………………… 55

第2节　制作凝胶指甲 ………………………… 88

第5章　装饰指甲 …………………………………… 111

第1节　色彩构成及色彩美 …………………… 111

第2节　指尖色彩与图案赏析 ………………… 120

第3节　美甲构图的方法 ……………………… 127

第4节　实用手绘的技巧与准则 ……………… 134

第1章　接待咨询

本章知识点：服务心理学。

本章重点：怎样突出介绍服务项目的特点。

本章难点：如何判断顾客的需求点。

美甲的顾客以女性为主，特别是那些以追求时尚、个性为美的女性。美甲师就是要了解她们的审美价值观，满足她们的渴望和需求，引导、完成她们的指尖畅想，为她们装扮出具有像艺术品一样精致、美丽的指甲。无论在任何场合，具有个性的指尖艺术和服饰的交相呼应，都可以彰显女性的独特魅力。

第1节　接　待

学习目标

1. 能够通过观察与沟通，了解不同顾客的心理需求以及影响顾客需求的因素。
2. 能够准确地介绍各类服务项目的特点。

相关知识

一、不同顾客的心理需求

不同的消费者有着不同的消费心态，通常可分为：

求名：即追求名牌。

求美：即追求款式、外观。

求新：即追求新颖、时尚。

模仿：即模仿明星、名人。

求实：即追求实惠、耐用。

求廉：即追求便宜、廉价。

二、影响顾客需求的因素

1. 主观因素，即消费者本人的个性、消费时的心情，以及长期以来形成的消费价值观。

2. 客观因素，即消费者的经济条件、生存环境，以及市场上其他类似的替代品。

美甲师观察顾客的穿着打扮、神态、化妆和年龄特征，就是要准确判断其个性、心情，与顾客沟通就是要了解其经济条件和价值观，只有掌握了这些信息，才能有的放矢地为顾客介绍合适的服务项目。

三、美甲各类服务项目的特色

1. 手、足部基础护理

（1）自然指甲[①]基本护理

特点：使自然指甲干净、亮泽、形状整齐，突显健康形象。

服务时间：30~40 min。

（2）标准手（足）护理

特点：使双手（足）皮肤滋润、指甲干净、亮泽、形状整齐，促进血液循环、增强体质。

服务时间：60~80 min。包含了自然指甲基本护理内容。

（3）手（足）部美白护理

特点：使双手（足）皮肤滋润、亮白，指甲干净、亮泽、形状整齐，增强皮肤健康指数。

服务时间：60 min。包含了自然指甲基本护理内容。

（4）手（足）部干裂护理

特点：使双手（足）的干裂皮肤逐渐恢复正常，提高皮肤滋润指数，缓解干裂

---

① 本书统一用"指甲"指代"指（趾）甲"。

现象。

服务时间：80 min。包含了自然指甲基本护理内容。

2. 彩妆甲制作

（1）手（足）部法式修甲

特点：使自然指甲清洁、亮丽、形状整齐，突显精干的职业形象。

服务时间：50 ~ 60 min。包含了自然指甲基本护理内容。

（2）甲油彩绘自然指甲

特点：使双手（足）充满色彩、指甲形状整齐，突显青春活力。

服务时间：30 ~ 40 min。包含了自然指甲基本护理内容；若在假指甲上彩绘，服务时间则按制作假指甲的方式加时；服务时间还可根据图案设计难易程度而定。

（3）颜料手绘指甲

特点：使双手（足）充满流动的色彩、指甲形状整齐、图案内容与服饰搭配，突显生活情趣、展示多彩人生。

服务时间：50 min。包含了自然指甲基本护理内容；若在假指甲上手绘，服务时间则按制作假指甲的方式加时；服务时间还可根据图案设计难易程度而定。

（4）喷绘指甲

特点：图案色彩细腻，指尖的色彩分层次而变化，突显精致情调。

服务时间：45 min。包含了自然指甲基本护理内容；若在假指甲上喷绘，服务时间则按制作假指甲的方式加时；服务时间还可根据图案设计难易程度而定。

（5）装饰彩线、贴花

特点：利用指尖的肌理变化，突显优雅风度。

服务时间：40 min。包含了自然指甲基本护理内容；服务时间可根据设计难易程度而定。

（6）镶嵌各式钻石、吊饰、装饰物品

特点：使双手增加指尖亮度，突显高贵气质。

服务时间：40 min。包含了自然指甲基本护理内容。

3. 丝绸甲（玻璃纤维甲）制作

（1）全贴丝绸（玻璃纤维）指甲

特点：在自然甲或是半贴甲片上，用丝绸（玻璃纤维）整个覆盖甲体，清薄淡雅，满足自我表现内心的奢侈感。

服务时间：60 min。包含了自然指甲基本护理内容；如需粘贴片另加 30 min。

（2）半贴贴片丝绸（玻璃纤维）指甲

特点：利用法式贴片，完成指甲前缘的制作，部分甲体用丝绸（玻璃纤维）覆盖，清薄淡雅，具有超薄法式水晶指甲的效果。

服务时间：80 min。包含了自然指甲基本护理内容。

（3）各种丝绸（玻璃纤维）指甲的卸除

特点：方便更换或更新设计，减小自然甲在卸甲过程中的损伤，节省时间。

服务时间：超声波卸甲机 15 min；锡纸 20 min。

4. 贴片甲制作

（1）全贴贴片指甲

特点：快捷方便，款式多变，可重复使用但不牢固。

服务时间：50 min。包含了自然指甲基本护理内容。

（2）半贴贴片指甲

特点：利用半贴甲片，完成指甲前缘的制作，缩短制作时间，指甲看上去晶莹剔透。

服务时间：50 min。包含了自然指甲基本护理内容。

（3）各种贴片指甲的卸除

特点：方便更换或更新设计，减小自然甲在卸甲过程中的损伤，节省时间。

服务时间：超声波卸甲机 15 min；锡纸 20 min。

5. 粉胶甲制作

（1）半贴贴片粉胶指甲

特点：利用浅贴甲片，完成指甲前缘的制作，使前缘的微笑线流畅清新、亮泽持久，令双手清洁、色彩跳跃、形状整齐，突显青春活力、精明强干的职业形象。

服务时间：60 min。包含了自然指甲基本护理内容。

（2）法式浅贴贴片粉胶指甲

特点：利用白色浅贴甲片，完成指甲前缘的制作，使前缘的微笑线流畅清新、亮泽持久，令双手清洁、亮丽、形状整齐，突显青春活力、精明强干的职业形象。

服务时间：60 min。包含了自然指甲基本护理内容。

（3）各种粉胶指甲的卸除

特点：方便更换或更新设计，减小自然甲在卸甲过程中的损伤，节省时间。

服务时间：超声波卸甲机 15 min；锡纸 40 min。

6. 水晶甲制作

（1）半贴贴片水晶指甲

特点：利用半贴甲片，完成指甲前缘的制作，缩短制作时间，指甲看上去晶莹剔透。

服务时间：60 min。包含了自然指甲基本护理内容。

（2）法式浅贴贴片水晶指甲

特点：利用浅贴甲片，完成指甲前缘的制作，使前缘的微笑线流畅清新，令双手清洁、亮丽、形状整齐，突显精干的职业形象。

服务时间：60 min。包含了自然指甲基本护理内容。

（3）单色水晶指甲

特点：指甲前缘与甲板自然结合，舒适牢固，可雕塑出丰满甲体，色彩变化多端，既可表现晶莹剔透，又可展示色彩斑斓，突显珠圆玉润的性感魅力。

服务时间：120 min。包含了自然指甲基本护理内容。

（4）法式水晶指甲

特点：指甲前缘与甲板自然结合，舒适牢固，保持原有的甲床长度，前缘的微笑线流畅清新，双手清洁、亮丽、形状整齐，可雕塑出丰满甲体，突显珠圆玉润的性感魅力和精明干练的职业形象。

服务时间：150 min。包含了自然指甲基本护理内容。

（5）国际大赛标准法式水晶指甲

特点：指甲前缘与甲板比例为 1∶1，深度微笑线。指甲前缘与甲板自然结合，舒适牢固，（前缘色彩可变）微笑线流畅清新，双手清洁、亮丽、形状整齐，可雕塑出丰满甲体，突显珠圆玉润的性感魅力，张扬活力动感与严谨精干完美结合的职业特质。

服务时间：150 min。包含了自然指甲基本护理内容。

（6）彩色水晶指甲

特点：指甲前缘与甲板自然结合，舒适牢固，可雕塑出丰满甲体，图案设计展现整体旋律，突显浪漫与理性完美结合的性格特质。

服务时间：120~180 min。包含了自然指甲基本护理内容。

（7）内雕水晶指甲

特点：指甲前缘与甲板自然结合，舒适牢固，可雕塑出丰满甲体，图案设计生动细腻，展现整体旋律，突显浪漫与理性完美结合的性格特质。

服务时间 120~180 min。包含了自然指甲基本护理内容。

（8）外雕水晶指甲

特点：指甲前缘与甲板自然结合，舒适牢固，可雕塑出丰满甲体，图案设计生动细腻，甲体肌理变化具有极强的视觉冲击力，突显精致、浪漫与理性完美结合的性格特质。

服务时间：120~180 min。包含了自然指甲基本护理内容。

（9）时尚创意复合水晶指甲

特点：指甲前缘与甲板自然结合，舒适牢固，可雕塑出丰满甲体，图案设计生动细腻，甲体肌理变化具有极强的视觉冲击力，突显精致、浪漫与理性完美结合的性格特质。

服务时间：120~180 min。包含了自然指甲基本护理内容。

（10）各种水晶指甲的修补

特点：节省制作时间，只修补后缘，更新表面，恢复指甲的亮丽清新面貌。

服务时间：30 min。仅限每两周修补的范围。

（11）各种水晶指甲的卸除

特点：方便更换或更新设计，减小自然甲在卸甲过程中的损伤，节省时间。

服务时间：超声波卸甲机 15 min，锡纸 30 min。

7. 灯光凝胶指甲制作

（1）法式浅贴贴片灯光凝胶指甲

特点：利用浅贴甲片，完成指甲前缘的制作，使前缘的微笑线流畅清新，令双手清洁、亮丽、形状整齐，突显精干的职业形象。

服务时间：60 min。包含了自然指甲基本护理内容。

（2）单色灯光凝胶指甲

特点：指甲前缘与甲板自然结合，舒适牢固，可雕塑出丰满甲体，色彩变化多端，既可表现晶莹剔透，又可展示色彩斑斓，突显珠圆玉润的性感魅力。

服务时间：90 min。包含了自然指甲基本护理内容。

（3）法式光效凝胶指甲

特点：指甲前缘与甲板自然结合，舒适牢固，保持原有的甲床长度，前缘的微笑线流畅清新，双手清洁、亮丽、形状整齐，可雕塑出丰满甲体，突显珠圆玉润的性感魅力和精明干练的职业形象。

服务时间：120 min。包含了自然指甲基本护理内容。

（4）彩色光效凝胶指甲

特点：指甲前缘与甲板自然结合，舒适牢固，可雕塑出丰满甲体，色彩变化多端，既可表现晶莹剔透，又可展示色彩斑斓，突显珠圆玉润的性感魅力。

服务时间：120 min。包含了自然指甲基本护理内容。

（5）内雕光效凝胶指甲

特点：亮泽持久，令双手清洁、亮丽、形状整齐，突显青春活力、精明强干的职业形象。

服务时间：150 min。包含了自然指甲基本护理内容。

（6）时尚创意复合光效凝胶指甲

特点：亮泽持久，令双手清洁、亮丽、形状整齐，突显青春活力、精明强干的职业形象。

服务时间：180 min。包含了自然指甲基本护理内容。

（7）各种凝胶指甲的修补

特点：节省制作时间，只修补后缘，更新表面，恢复指甲的亮丽清新面貌。

服务时间：60 min。仅限每两周修补的范围。

（8）各种凝胶指甲的卸除

特点：方便更换或更新设计，减小自然甲在卸甲过程中的损伤，节省时间。

服务时间：30 min。

8. 问题指甲的处理及美化

（1）残指甲修复

特点：使损伤的指甲或咬残的指甲恢复光彩亮丽的形象，帮助克服爱咬指甲的缺点。

服务时间：依具体情况而定。

（2）畸形指甲矫正

特点：利用水晶指甲在自然指甲表面形成的张力，使原有的嵌甲症状缓解，恢复指甲的正常生长。

服务时间：依具体情况而定。

（3）灰指甲处理及美化

特点：利用水晶指甲在自然指甲表面形成的保护层，破坏了霉菌生长的自然环境，使指甲恢复健康，同时产生立竿见影的健康、亮丽的效果。

服务时间：依具体情况而定。

（4）霉变指甲消毒及处理

特点：利用水晶指甲在自然指甲表面形成的保护层，破坏了霉菌生长的自然环境，使指甲恢复健康，同时产生立竿见影的健康、亮丽的效果。

服务时间：依具体情况而定。

四、服务心理学的相关知识

服务心理学是广泛应用于服务行业的一门新兴学科，研究服务对象的心理及其规律，也涉及服务人员的心理研究。它包括心理学基本常识、顾客心理研究、服务中的心理研究、服务人员的心理研究、如何有效利用媒体进行宣传促销等。

1. 心理学基本常识

（1）心理学的定义

心理学研究的是人的心理现象及其规律，探索的是人类的精神世界。心理是宇宙间一种极其复杂的现象，心理的实质第一是脑的机能，第二是客观世界的主观映象。

（2）心理学研究的内容

1）心理过程——知（认识过程）、情（情绪、情感）、意（意志）。

2）个性心理特征——气质、性格、能力。

3）心理学对生活、工作的影响

心理学对我们的生活、工作有重大的影响，我们经常可以看到这样的情况：有的人人缘好，走到哪里都受到欢迎；有的人工作干得好，业绩总令人羡慕；可有的人主观上想把工作做好，但客观结果却常常事与愿违，甚至是和他人发生矛盾、冲突，不但经常惹得他人不高兴，同时自己也不快乐；有的人孤芳自赏，同时还和大家格格不入；有的人在销售产品时不但没有把产品销出去，反而让顾客十分生气，以致到了双方发生争执，甚至争吵的地步；有的人总是高高兴兴，好像从来没有发愁的事，再大的压力、再重的工作对他来说也能应付自如；还有的人常常焦虑紧张、愁眉不展，总是感到生活、工作的压力很大。

人的心理状态虽然和工作、生活、身体健康状况等都有关系，但也和人的人生态度有直接的关系，如老顽童天生快乐，林黛玉却抑郁而死。

心理学在许多部门得到广泛应用，并且越来越受到人们的重视，今天所涉及的是推销心理和人际交往心理。希望通过今天的讨论对大家有所帮助。

2. 顾客心理研究

顾客心理是最值得研究的，不了解顾客心理，往往事倍功半。顾客的心理特点主要可以从以下方面进行分析。

（1）顾客的气质特征

气质是个体所独有的心理特点，一经确定，就会长期保持，并相当稳定。在个体多种多样的行为活动中，得到相应的体现，并对个体的心理和行为产生持久的影响。气质就是我们通常所讲的脾气，一方面是指心理活动过程的动力特征，包括心理活动过程的速度和稳定性，心理过程的强度等；另一方面是指心理过程的指向性特征，是外向还是内向。不同气质的顾客购买商品时，会采取完全不同的行为方式。希波克拉底在公元前五世纪提出气质说，将人的气质分为四种，即多血质、胆汁质、黏液质、抑郁质。

1）多血质类型顾客。情绪外露，兴趣广泛但容易转移，善交际，喜欢与营业员、其他顾客交换意见，实现沟通迅速，对周围环境和人员适应性强，比较容易听取他人意见，能迅速作出购买决定，但购买目标很容易转移。

2）胆汁质类型顾客。情绪外露非常明显，反应速度快但不灵活，有些急躁，一旦被某种商品吸引往往就立即作出购买决定，不愿花太多时间比较和思考，过后又往往后悔，脾气暴躁。

3）黏液质类型顾客。情绪不易外露且变化缓慢，反应缓慢，行动稳重，语言简练，善于控制自己，不轻信他人意见，不轻易作决定，很少受周围环境的影响，一旦决定轻易不改变，对自己喜欢的商品往往会采取连续购买的行为。但这类顾客比较固执，很难迅速沟通。

4）抑郁质类型顾客。情绪变化缓慢，对购买商品的心理感受十分敏感而且体验深刻，语言谨慎，行动小心，不愿与人沟通，全凭自己的心理评价决定是否购买，多疑，决策比较慢，挑选商品非常认真，经常能观察到商品的细微之处。

日常生活中纯粹属于某一种气质的顾客很少，大多为混合型，无论哪种顾客，在购买行为方面都有积极和消极两个方面，营销人员要有针对性地去做工作。例如，对抑郁质类型的顾客，就不能催他快拿主意，否则他有可能就不买了；对多血质类型的顾客，要热情地与之交谈，引导顾客喜欢上你推荐的商品，进而购买。

（2）顾客的性格特征

性格不等于气质，性格决定顾客活动的内容与方向，后天形成，有好坏之分。例如，有人热心助人、富有同情心，有人自私自利；有人粗心大意，有人耐心细致；有人因循守旧、墨守成规，有人敢于创新，很有创新意识；有人骄傲任性，有人自卑胆怯；有人自控能力非常强，有人却根本管不住自己。表现在购物过程中，不同性格的顾客也有不同的特点。

关于性格，有多种划分方式：

1）内倾型。这类顾客凭自己的内在价值标准来评价商品，对他人的宣传兴趣不大。

2）外倾型。这类顾客喜欢和营销人员交换意见，很容易受营销人员的态度感染，果断决策，他们往往是新商品的追随者。

3）情绪型。这类顾客易受外界诱因影响，受感情的支配。对这类顾客可以打"感情牌"，让他们产生高兴、感激等情绪，从而下决心购买。

4）理智型。这类顾客周密思考，会反复权衡后才作决定，不盲从，但也不是一意孤行。对这类顾客要尽量从理论方面深入分析，让顾客感到购买的理由充分。

5）冷漠型。这类顾客大多内向，对外界漠不关心，与人有距离。对这类顾客要耐心细致，善于发问，唤起他们的认同和共鸣。

6）犹豫型。这类顾客优柔寡断，疑心重重，反复比较，难以取舍。对这类顾客必须先设法消除他们的不信任心理，然后再引导他们采取购买行为，有时可以代他们选择，帮他们拿主意。

7）虚荣型。这类顾客容易给人矫揉造作的感觉，甚至有些夸张，"我老在燕莎买东西""我得用有品位的东西""我用的和某某明星的一样"等。这里切记，千万不要与之争执，避免直接冲突，适当称赞，先满足其虚荣心，再谈商品。

8）急躁型。这类顾客有点神经质，一点小事就能与人争执不下。对这类顾客要保持心态平和，适时地赞美他们。

9）好事型。这类顾客喜欢喋喋不休地评论别人，爱管闲事，对一切事都不满意，好像世界上就没有让他们满意的事，私心重。对这类顾客可以赠送些小礼物，吸引他们，同时还要有耐心，并不时表示赞同。

10）随和型。这类顾客能与人和睦相处。对这类顾客要一见如故，在推销时要速战速决。

（3）顾客的年龄特点

美甲服务主要面对的是年轻人，年龄在 20～40 岁，这一年龄段的顾客有以下特点。

1）追求时尚。尤其是新产品，会引起他们的极大兴趣和购买欲望，以极大的热情去尝试和体验。要引人注目，要引导时代潮流，最重要的是——要漂亮。

2）突出个性。他们追求独立，与众不同，尤其是年轻女孩，非常喜欢个性化的商品，有时还会把所买商品与自己的职业、爱好、追求、性格特点联系在一起，力求在消费活动中充分表现自我。例如，背包上的饰物，指甲上的个性化设计，一定能吸引人。

3）肯于高价追求名牌。他们不怕高价，只在乎品牌，认为名牌显得自己身价也高了，而且名牌的质量一定好、样子也一定是最好的。

4）决策迅速，变化大。年轻顾客经常容易冲动，情绪来了就买，尤其是对自己喜欢的东西，事先没有预购计划，只要商品合意就会毫不犹豫地购买。

5）对待商品态度明确。喜欢还是厌恶，接受还是拒绝，非常明确，为的是表明自己有独立见解。

（4）顾客的消费习惯

人们在长期的生活过程中，会有一些自己独特的消费习惯，这也是我们应该考虑到的。

1）饮食习惯、服饰习惯。

2）社会活动习俗，如婚丧嫁娶、宗教活动等。

3）阶层的特点，如大学生和职场白领不同，体力劳动者和脑力劳动者不同等。

4）民族特点。

（5）顾客的需求

顾客的需求是多方面的，如果你的商品能够满足他们的需求，顾客当然就会购买；反之，如果你的商品或服务和他的需求不相符，顾客是不会购买的，所以必须研究顾客的心理，这是为了做到有的放矢。

人的行为由动机引起，而动机是在需要的基础上产生的，需要有很多种划分方式，例如可以根据需要的起源不同，分为自然需要和社会性需要。

顾客需求的特点可以从以下几方面来认识：

1）顾客需求的层次性。顾客有各种层次的需求，高、中、低都有，要尽量给予满足。即使是同一个人，也有不同层次的需求。

2）顾客需求的多样性。多样性是顾客需求最基本的特征。顾客的性别、年龄、收入水平、社会阶层、生活方式、个性心理特征等方面均有不同，因此需求的内容层次强度必然千差万别。例如美甲，有人是为了好看；有人是为了追求前卫、时尚；有人是为了掩盖自身指甲上某方面的缺陷；有人是为了给自己一个好心情；还有人是为了某个仪式，如婚礼等。

3）顾客需求的周期性。顾客的满足是相对的，此时满足了，过一段时间又可能没有了满足感，周而复始。最明显的例子就是人们对时装的态度。

4）顾客需求的可诱导性。顾客的需求可以引导和调节，使其需求发生变化和转移。潜在的愿望可以变成现实的行动，未来的需求可以变成现实的需要。

还有一些特点，例如，季节性和时间性、联系性与替代性、发展性、伸缩性等。影响顾客消费需求的还有政治法律因素、社会经济因素、教育和职业因素、媒体因素、民族和宗教因素等。

（6）顾客的情绪

很多因素在购物过程中会影响顾客的情绪，从而会影响购物行为，我们平常说"没情绪买""买了就痛快了"，这一类话就是情绪影响购物的表现。我们很多人都有这种情况，不一定需要，但是为了心情去买某种商品，所以顾客的情绪也是我们的研究对象。影响顾客情绪的因素主要有以下方面。

1）商品。商品的实质就是有用，即有使用价值，能满足顾客的需要。还有，商品的名字要好听易记，商品的外形要美观，售后服务要好等，这样的商品让人看了就喜欢，自然也就愿意购买。

2）服务。服务人员的服务态度直接影响顾客的情绪，从而关系到随后的购买行为。如果服务人员的态度非常懒散，会让顾客感到不被尊重，影响顾客的购买情绪，降低购买欲望。

3）环境。干净、舒适的消费环境，对顾客来说非常重要。一个好的消费环境应该具备良好的空气质量，舒适的休息区域，并提供儿童游戏场所；所售商品应摆放整齐、漂亮，赏心悦目，这样的环境有利于人们的好心情，可以促进购物，不可小觑。

4）心情。就是我们通常所说的情绪，情绪不好或特别好，都会影响购买行为，要会察言观色，进行引导，要让顾客既购了物，还有可能因此和你交上朋友。

（7）顾客的逆反心理

顾客存在逆反心理，大家不要只理解逆反心理就是你越向其推销的东西顾客越不买。其实不然，逆反心理也包括，有时你故意说不让他买，结果他一定要买，这就是利用了逆反心理。

逆反心理是指个体在一定条件下产生的与集体意愿相悖的要求与愿望，它与"从众心理""遵从心理"相对应。影响逆反心理的因素包括以下内容。

1）自尊心。顾客觉得自尊心受损时会有逆反心理，如某人想买双便宜的皮鞋，见柜台里有一双样子很好，就问营业员，结果营业员却说："贵着呢，名牌！"顾客可能会一气之下买了这双高价的鞋。

2）好奇心。在强烈好奇心的驱使下，人们会对某些不了解的新事物产生兴趣，而有些新事物是人们头脑里的旧观念不能容忍的，人们就会对其嗤之以鼻，造成一种集体的压力，而这种压力反而使具有强烈好奇心的人产生逆反心理。

3）年龄。逆反心理从年龄上看主要存在于两个时期：第一个时期是15岁至25岁，称为青春期，对传统的东西经常表示不满，逆反严重；第二个时期是45岁至55岁，称为更年期，或是功成名就，自尊心极强，或是事业失意，自卑感增强，都容易产生逆反心理。

逆反心理影响营销活动，产生的影响可能积极也可能消极，要加以充分的利用。

3. 服务中的心理研究

（1）服务技巧

光有服务的愿望和热情是不够的，还需要一定的技巧。

1）谈吐文雅。美甲是一种高雅艺术，服务人员应与之相配，不仅是谈吐，还包括服饰打扮、举止风度、开朗的性格等。目的是首先给对方一个好印象，言谈举止文雅得体，会给对方一种亲切感，感受到你对他的关怀。语言的使用很有技巧，使用得当会事半功倍，反之亦然。

2）实事求是。主要是指服务中介绍性的语言，不能随意夸大其词，让人感到虚假、不可信，适当地讲些产品的不足，反而会增加人们对产品的信任度。实事求是是最能打动人的，人们最欣赏的人格特征是真诚。切忌让顾客明显感到你是在"逼着人买东西"，否则会事与愿违。

3）随机应变。是指"见什么人说什么话"，见机行事，随机应变，推销中的很多事是没办法预料的，因此，作为美甲师必须有这种能力。

4）不卑不亢。态度要不卑不亢，不要过分热情，让人感到你在讨好别人；也不要一副高高在上的样子。

5）态度积极、认真。让顾客感觉到你的职业素质，对待顾客的态度主动、适度，介绍产品和服务项目时，要讲原理、讲特征，讲对顾客的契合度等，让顾客感受到你的专业性，以及某个产品或项目的科学性。

还有一些更为具体的技巧，如语调要高低适宜，语速要快慢适中，吐字要清晰，让对方听得清楚；语言要简明扼要，不要啰唆了半天，对方还不明白到底美甲是怎么回事；和顾客的距离也要适度，太近、太远都不行。

（2）推销产品

顾客的购买行为模式：内外因素的刺激→顾客心理活动过程→购买行为。

推销过程可分为若干个阶段，推销模式就是对推销活动的特点和对各阶段所采取的相应措施进行归纳，总结出一套程序化的标准推销形式。

1）"埃达"模式、"吉姆"模式和"迪帕达"模式。这个模式是国际推销权威海因兹·M.戈德曼总结出来的。它的特点是紧紧抓住顾客需要这个关键环节，使推销工作有的放矢。一般来说，这种模式比较适合向批发商、厂商、零售商推销。它把全过程分为6个阶段，即准确发现并指出顾客有哪些需要和愿望；把顾客的需要和推销的产品联系起来；证实推销品符合顾客的需要和愿望，而且正是顾客所需要的；促使顾客接受你所推销的产品；刺激顾客的购买愿望；促使顾客采取购买行为。

2）日本的著名推销员井户口健二提出的观点是，顾客虽有各种类型，但7～8 min 出现购买欲是共同的，绝对不能错过。超过 10 min 还没有定论，推销就要失败了，倒不如去注意其他顾客。

顾客需要体现人文关怀、热情周到、细致入微、注重细节、符合心理需求的服务。而良好的服务对顾客的影响也是巨大的，它可以促进良好心情的出现、提高对服务的评价、提高购买欲望、主动进行宣传、扩大产品的影响。

4. 服务人员的心理研究

服务人员内部需要建立一种良好的心理氛围，要团结一心，同时服务人员自身也应具备良好的心理素质。服务人员应该认识到以下几点。

（1）利益共同体

服务人员之间要认识到合作的意义，首先要认识到大家在一个公司里，一荣俱荣，一损俱损。

（2）合作与沟通的好处

一个良好的合作沟通环境让大家感到轻松愉快，工作效率也会提高；有矛盾就会有压力，总不痛快，对工作、对情绪都会有消极影响。

（3）如何合作与沟通

1）倾听。听的时候要注视对方，眼睛看的部位也要注意，不要乱扫视。

2）表达。表达的意思是让对方了解，也就是很好的沟通，否则，闷在心里不说，人家也不明白。俗话说，"灯不点不亮，话不说不明"。只要在沟通中本着与人为善的态度，就没有什么说不清楚的事。

（4）各级之间的默契

这里有同级之间，上级对下级、下级对上级之间，原来是同级，现在变成上下级了等情况。无论哪种情况，基本原则是互相尊重、配合。

1）上级对下级。要以激励、表扬为主，不要轻易批评指责。

2）下级对上级。尊重、服从，有意见、有建议可以提，但要保持一致。

3）同级之间。有竞争，但正常的心态是你好我也好，不应该你好我就不让你好。

（5）如何解决矛盾

出现矛盾是必然的，问题是如何解决、处理矛盾，要注意以下几点。

1）基本原则是理解、宽容，与人为善。

2）认真聆听对方的意见，态度诚恳。

3）出现问题及时解决。不要回避、拖延。

4）原则问题不让步，耐心、友好地说明"利他"关系。

人际交往是一门艺术，只要我们有一颗善良真诚的心，真心关心、爱护他人，就一定会形成良好的人际交往的氛围，拥有一些"肝胆相照"的好朋友，这是人生最宝贵的财富，也是任何金钱、地位都无法代替的。

（6）服务人员应具备的良好心理素质

1）诚实、守信用。

2）较高的情商，较高的心理调节能力。

3）宽容、大度的心态。

4）细腻、灵活，较高的应变能力，善于察言观色、随机应变。

5）意志坚强，不畏艰难险阻，不怕挫折。

6）有创新意识，能紧跟时代变化及顾客需求。

7）有合作意识，善于与人沟通。

5. 有效利用媒体进行宣传促销

（1）积极参与面向社会的公益服务。

（2）运用不可忽视的媒体力量，积极分享，达到宣传的目的。

（3）重视文化，加强对大众心理的正面引导。

（4）形成服务中的自律理念。

工作程序

迎宾、问候、观察、沟通、介绍、安置（详见初级美甲师）。

注意事项

1. 接待要主动热情，面带微笑，站立迎接顾客进店。

2. 与顾客打招呼时，目光亲切，注视对方的眼睛，不要东张西望。

3. 在与顾客沟通时，不要问过于隐私的问题。

4. 主动介绍服务项目和收费标准时，不要只顾创效益，而应站在顾客的角度考虑问题。

5. 为顾客选好服务项目，引导顾客坐在被服务的位置上，并将顾客的要求准确地告诉为其服务的美甲师。

第2节　咨　询

学习目标

1. 能够提出美甲服务建议。
2. 能够向顾客介绍美甲后的维护保养常识。

相关知识

一、不同场合的美甲需求特点

1. 日常生活

日常生活中的指甲造型，首先应考虑手的形状、手指的粗细以及自然甲的形状，在舒适、不影响家务劳动的前提下，形状以方圆形为主（喇叭形指甲除外）。这样的指甲形状最为坚固，也最为耐久，不易断裂（见图1—2—1）。

图1—2—1　方圆形美甲

2. 工作学习

工作学习的时候，指甲应修成方形，长度不应超过本身甲体的 1/2。以法式水晶甲为主，涂以透明、淡雅、健康的指甲油，以突出白领丽人的高雅气质（见图1—2—2）。

图1—2—2 法式水晶甲

3. 交际活动

可根据顾客的个人喜好设计一些艺术指甲，例如，雕饰、镶嵌、手绘等，利用指尖的色彩与服饰搭配得体，使自己在日常交际活动中，更加突显个性，展示自己的生活情趣（见图1—2—3）。

图1—2—3 艺术甲

4. 体育运动

体育运动时的指甲应修型较短，以保证剧烈运动中指甲的安全。而且在运动前后，因户外活动较多的关系，都应涂抹含防晒成分的护手霜。运动后还应及时进行手部的护理（见图1—2—4）。

图1—2—4 运动型美甲

5. 舞台表演

表演中，因观众离舞台较远，指甲不易观看清楚，所以要求指甲的造型要夸张、立体。可在配合服装、化妆、头饰等整体效果的同时对指甲进行艺术加工，如选用沙龙甲片，配以手绘、喷绘、内雕、外雕、镶嵌悬挂饰物等多种技法，使指甲造型夸张、色彩艳丽，扩展视觉空间，突出舞台效果。还应注意，表演性质的指甲应是较容易装卸的假指甲（见图1—2—5）。

二、美甲后的维护保养常识

1. 美甲师需告知顾客，如果是第一次尝试蓄甲，需改变生活中手指的受力习惯，例如，穿紧身内衣、提鞋、开汽车车门、开抽屉时，不要用手指尖直接用力，要改变往常的用力习惯，否则指甲容易断裂。

2. 在做家务劳动的过程中，最好戴上手套，避免使用碱性强洗涤剂时，使指甲变黄。

3. 指甲前缘下的指芯处容易藏垢，可用牙刷每晚洗脸时清洁指芯。

4. 如指甲起翘又不能及时修复，最好

图1—2—5 舞蹈《玉指颂》

在起翘处涂上一层亮油，避免水分渗入引起指甲霉变。同时要尽快找专业美甲师修补。

5. 对于经常旅行的人，随身配备一根砂条是必要的，遇到指甲前缘毛刺挂头发的，最好用砂条将毛刺打磨掉。

工作程序

一、询问

美甲师应了解顾客的身体健康状况，确定顾客所能接受的服务项目和服务时间，例如，"您看上去有点累，最近身体还好吗？如果您累了，我建议手足一起做，这样您可以多休息一下""您今天能给我多少时间？我要根据您的时间要求来设计美甲方案，如果时间很紧，不能设计太复杂的图案"。

二、解答

美甲师应以职业化的态度接听电话、接待来访者。

三、沟通

美甲师应就顾客感兴趣的服务进行深入讲解。通过与顾客的沟通，进一步把握该顾客的性格特征，从而为顾客制定合适的美甲设计方案。

四、确认

美甲师应明确地提出美甲方案和服务价格，确认顾客是否认同。

注意事项

1. 在观察与沟通的过程中，我们会发现顾客的生理需求往往不是顾客决定购买的全部原因，有时是受自己心理需求的驱动，希望在美甲店里所享受的服务具有更高的附加值，希望更有面子。所以美甲店要建立顾客对产品与服务的心理需求价值。

2. 要刺激顾客产生需求的迫切性，以及暗示顾客所拥有的优先权。

3. 通过交流向顾客证明公司产品与服务的益处，尤其是说服顾客认同公司能提供比其他竞争者更好的回报。

❓ 本章习题

1. 美甲各类服务项目的特点是什么？

2. 服务人员应具备什么样的心理素质？

3. 服务心理学的基本概念是什么？

4. 什么会影响顾客的消费情绪？

5. 不同场合美甲的需求特点是什么？

6. 美甲后的保养常识是什么？

7. 咨询服务过程中，怎样面对顾客的反对意见？

8. 怎样理解团队和谐的重要性？

9. 什么是顾客希望美甲的心理需求因素？

10. 美甲的个性化服务是怎样体现的？

第2章　失调性指甲护理

本章知识点：失调性指甲的成因及护理方法。

本章重点：辨认失调性指甲的表象。

本章难点：如何帮助顾客解决由失调性指甲造成的困惑。

本章主要介绍了失调性指甲的成因及护理方法。手是人的第二张脸，而指甲是人体健康状况的晴雨表，通过指甲外观的表象，可以透视个人健康的内情，营养与饮食直接影响到指甲的健康，我们应该做到均衡的饮食和积极的锻炼。如何帮助顾客解决因失调性指甲造成的困惑和处理失调的指甲是美甲师的本职工作，而处理疾病的指甲则是医生的工作。需要特别注意的是，在服务中处理过霉变指甲的工具必须进行杀菌消毒。

第1节　认识各种失调性指甲

学习目标

能够对失调性指甲进行针对性护理。

相关知识

指甲是手指的保护层，它使富含神经的指尖免于受伤害。指甲的变化或不正常往往是缺乏营养或某些疾病所造成的。长期生病、生活紧张、使用尼古丁、过敏等都可能使指甲失去健康的本色。

失调性指甲的表象、成因主要有以下几点。

一、指甲萎缩

使用碱性强的肥皂和化学品以及指芯受伤会造成指甲萎缩。指甲萎缩经常与甲癣混淆，应当去正规医院请医生治疗。在指甲萎缩不严重的情况下，可以按正常的步骤做水晶甲，但需非常小心（见图2—1—1）。

二、咬残的指甲

咬指甲是一个不好的习惯，做水晶甲可以帮助顾客改掉这个不良的习惯（见图2—1—2）。

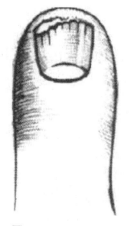

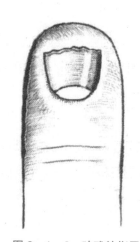

图2—1—1　指甲萎缩　　　　　　　　　　图2—1—2　咬残的指甲

三、灰指甲

灰指甲是手指处的血液循环不畅或霉菌感染所致，应去医院请医生治疗。可以做水晶指甲，当水晶甲脂涂抹在灰指甲表面时，客观上起到了破坏霉菌生存环境的作用。再上一层去霉特效液，会使灰指甲的病情好转（见图2—1—3）。

四、指甲瘀血

指甲瘀血是指指甲受伤并出现蓝黑色的斑点，或者由于甲床瘀血使整个指甲变成黑色。如果未伤及甲母，过数月就会有新指甲长成。如果瘀血的指甲没有松动，则可以上指甲油或做水晶甲（见图2—1—4）。

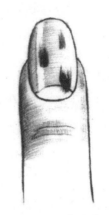

图 2—1—3　灰指甲　　　　　　　图 2—1—4　指甲瘀血

五、甲沟皲裂

甲沟皲裂是指甲沟处的皮肤破损。可以用干裂手护理的方法治疗（见图 2—1—5）。

六、指甲起皱

指甲起皱是指指甲的表面凹凸不平，一般是由于疾病、节食、神经紧张造成的。可以将其打磨平整，也可以做水晶甲（见图 2—1—6）。

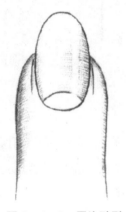

图 2—1—5　甲沟皲裂　　　　　　图 2—1—6　指甲起皱

七、蛋壳形指甲

蛋壳形指甲是指指甲的前缘向前弯曲，指甲本身较为薄软、呈白色，其造成原因和指甲起皱的原因一样，做此类水晶甲时要极为小心（见图 2—1—7）。

八、甲刺

甲刺是指指壁上的裂口处长出多余的皮肤。可以用干裂手护理的方法治疗（见图2—1—8）。

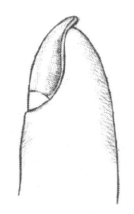

图2—1—7　蛋壳形指甲

图2—1—8　甲刺

九、嵌甲

嵌甲这种失调现象通常发生在脚趾甲上，由趾甲嵌入甲壁所致。造成原因是不正确的剪或锉，或是穿鞋过紧。足护理可以使这一情况得到缓解。但如果严重，就要去正规医院请医生治疗。做水晶趾甲可以改变嵌甲状况（见图2—1—9）。

十、指甲皮过长

先用干裂手护理法使指甲皮变软，然后将多余的指甲皮剪掉。特别注意的是，不要一次性将指皮剪净，以免造成指皮出血（见图2—1—10）。

十一、指甲过宽或过厚

这种失调是由于指甲受损或内因造成的。可以用抛光块打磨过厚的部分，用剪子和砂条去掉过宽的部分。但最好建议顾客去看医生解决（见图2—1—11）。

十二、甲脊

这种失调是由于指甲受伤或疾病造成的。甲脊是指指甲又厚又干燥，表面有脊状凸起，可以通过打磨使指甲平整。

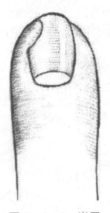
图2—1—9 嵌甲

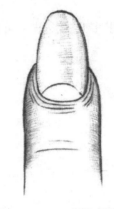
图2—1—10 指甲皮过长

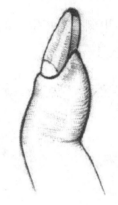
图2—1—11 指甲过宽或过厚

十三、指甲破裂

这种失调是由于指甲受伤，剪、锉方法不当，过多地使用指皮溶剂或强碱性的肥皂和化学用品造成的。一星期进行两次干裂手护理可以缓解（见图2—1—12）。

十四、白甲

白甲又叫白点指甲，是由于疾病或者指甲受伤，空气进入指甲内造成的。如果指甲并未松动且无其他方面不正常的情况，可以上指甲油或做水晶甲（见图2—1—13）。

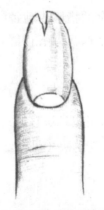
图2—1—12 指甲破裂

图2—1—13 白甲

十五、指甲分离

通常从指甲前缘下的甲床开始分离逐渐扩展至甲弧，但指甲只是松动并不脱落，一般是由真菌或疾病所致，也可能是指甲受到重压，指芯被尖锐物体刺伤或柑橘等植物的酸汁液刺激，或是使用强碱性肥皂或化学品造成的（见图2—1—14）。

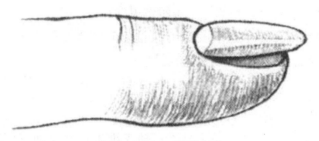

图2—1—14　指甲分离

十六、指甲脱落

这种失调是由遗传性皮肤病、糖尿病或梅毒等疾病造成的（见图2—1—15）。

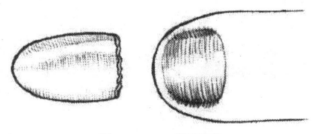

图2—1—15　指甲脱落

十七、甲床、甲沟发炎

这种失调是使用未消毒工具造成的，具有可传染性（见图2—1—16）。

注意事项

1. 做家务时，应戴上手套，尤其是洗碗、洗衣服等接触化学洗剂时。如果将手浸泡于过量的肥皂水中，可能引起指甲松弛。水使指甲膨胀，当指甲脱水

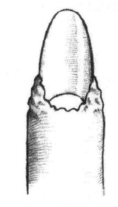

图2—1—16　甲床、甲沟发炎

干燥后，又容易收缩，导致指甲松动及易碎。

2. 洗手或洗碗、洗衣服时，最好不要用碱性洗液，碱性洗液会对皮肤造成伤害。同时，洗完手或东西时应涂护手霜。

3. 不要过分修剪指甲两侧的茧皮，否则容易引起发炎。糖尿病患者若发现指甲两侧发炎，应让医生诊治，因为这种感染可能传播到他处。

4. 涂指甲油前先上一层底油，以预防指甲变黄。

5. 预防真菌感染。如果指甲变绿，可能是有细菌或真菌感染，将会使指甲松动，此时应补充嗜酸菌，酸奶是不错的选择。

6. 做手部护理。人的双手和脸部一样，同样需要精心呵护。有条件的话，定期做手部护理，建议一个星期做 1 ~ 2 次。

7. 缺乏维生素 A 会造成干燥及易裂；缺乏维生素 B 会使指甲脆弱，并出现纵向及横向的凸脊；缺乏维生素 D_{12} 会导致过度干燥；缺乏蛋白质、叶酸、维生素 C 会造成倒刺，指甲出现白条纹。

8. 发现霉变指甲时，应立即除去自然甲上的任何覆盖物，如指甲油或水晶甲。并按规范程序进行处理。

第2节　修复咬残的指甲

学习目标

修复咬残的指甲。

相关知识

见本章第一节内容。

工作程序

一、服务范围

修复咬残的指甲。服务时间 60 min。

二、本节用品

消毒液（浓度41%的福尔马林）、消毒液容器、毛巾、垫枕、浓度75%的酒精、棉花（片）、棉花容器、洗甲水、桔木棒、小镊子、死皮剪、死皮推、180号打磨砂条、粉尘刷、消毒干燥黏合剂、平稳托、纸托板、甲液杯、水晶甲液、水晶笔、水晶甲粉、洗笔水、营养油、抛光块（条）、亮油、一次性纸巾、废物袋。

三、准备步骤

1. 消毒工作台。

2. 从消毒柜中取出干净的毛巾铺在工作台上，另卷起一块毛巾或用固定垫枕垫在毛巾下顾客的手腕处。

3. 准备好已消毒完毕的工具和用品。

4. 清洁自己和顾客的双手（见图2—2—1）。

5. 总是从左手到右手，从每只手的小指开始工作。

6. 给顾客的双手做好自然指甲基本护理（从消毒至去除双手死皮）（见图2—2—2和图2—2—3）。

 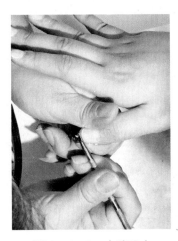 

图2—2—1 清洁双手　　　　图2—2—2 去除死皮　　　　图2—2—3 剪指皮

四、规范操作程序

1. 涂消毒干燥黏合剂（简称"P剂"）两遍（见图2—2—4）。

2. 甲床再造（见图2—2—5）。

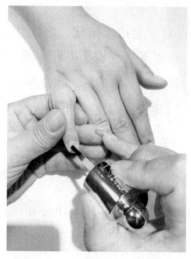

图2—2—4 涂消毒干燥黏合剂

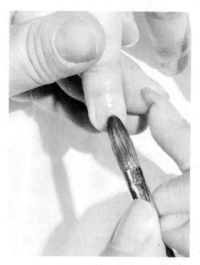

图2—2—5 甲床再造

3. 用180号砂条修整再造的甲床（见图2—2—6）。

4. 除去粉尘（见图2—2—7）。

图2—2—6 修整再造甲床

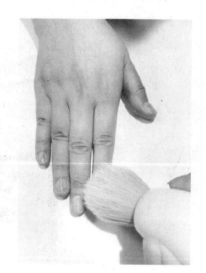

图2—2—7 除去粉尘

5. 抛光再造的甲床（见图2—2—8）。

6. 完成（见图2—2—9）。

图2—2—8　抛光

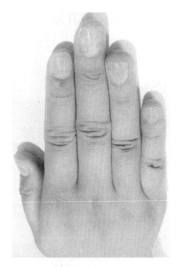

图2—2—9　完成

五、脚趾残甲案例（见图2—2—10）

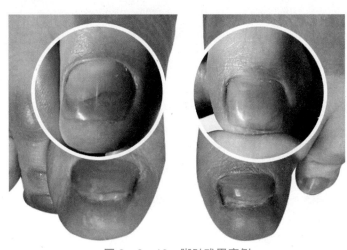

图2—2—10　脚趾残甲案例

注意事项

1. 涂抹 P 剂两遍，第一遍干后再涂第二遍。总是从左手小拇指开始。

2. 修复残甲时，甲床再造不宜过长。

3. 脚趾残甲的甲床不宜过厚。

残甲修复不仅可以令顾客心情愉悦，还能给顾客带来自信。掌握这项修复技术是美甲师获得专业能力升级的一项考核技能。实操技术将在高级美甲师的课程中深入展开。

本章习题

1. 什么是灰指甲？

2. 玉指美甲师可以处理有疾病的指甲吗？

3. 瘀血的指甲可以继续生长吗？

4. 甲沟处皮肤裂口应如何处理？

5. 甲癣是何种感染？

6. 甲母组织化脓发炎被称作什么？其产生的原因是什么？

7. 癣是由什么引发的皮肤病？

8. 有癣的指甲可以进行美甲服务吗？

9. 霉是什么？其产生的原因是什么？

10. 应如何处理霉变的指甲？

第3章 手、足部皮肤养护

本章知识点：美白皮肤的科学分析。

本章重点：手、足部的特殊护理方法。

本章难点：怎样达到手、足部的最佳美白效果。

手、足部皮肤的保养由初级的基础护理延伸到美白护理和干裂手、足部的护理，从单一护理延伸到疗程护理，从技能操作到产品结构内涵，这些都需要美甲师掌握更多的知识和技能，进一步完善对顾客手、足部皮肤护理的系统服务。

手、足部皮肤护理不仅仅为顾客的外表增添光彩，令其舒心，还有消除疲劳、保健强身、益寿延年之功能，是顾客喜爱的服务项目。本章所介绍的内容，必须反复练习，才能做到技法娴熟。

第1节 手部皮肤护理

学习目标

1. 能够对手部进行美白护理。
2. 能够对干裂手进行特殊护理。

相关知识

一、常用美白产品的性能及效果

1. 按摩霜

按摩霜能促进皮肤血液循环，加速新陈代谢，改善粗糙老化的手部肌肤，使肌肤活化，防止水分流失，易于吸收保养品。

2. 美白软膜

美白软膜可淡化黑色素，防止手部肌肤干裂无光泽，有特效美白、强化皮肤吸收水分及营养的功能。

3. 软肤露

软肤露可瞬间补充大量的水分和营养，对脱皮、敏感、缺水性肌肤能缓和保护并深度修护，对手部肌肤保持弹性光泽有很好的作用，其中含紫根萃取精华，能平抚敏感肌肤。

4. 美白乳液

美白乳液以选择生化及天然萃取物为主要活性成分，可增强肌肤水分含量，重建肌肤组织，对肌肤由内至外有明显的改善，给肌肤组织新的柔顺与弹性，在皮肤表面形成保护屏障，增强皮肤对外界环境的抵抗力，防止水分的蒸发，维持皮肤的正常水分，对冬季干燥不适及干敏性肌肤有预防及修护功能。美白乳液可补充手部皮肤所需要油脂，使肌肤恢复光泽亮丽，提供手部肌肤以全新弹性，可强化肌肤免疫系统及保湿能力，能对抗老化作用，使皮肤永保紧实，光滑完美。其主要有以下成分。

海藻：使肌肤柔软，使充血消退，保湿，光滑肌肤。

酵素：使肌肤再生，抗御病菌，治疗伤口。

杏仁精华：天然植物萃取物，有天然疗效。

蜂蜡：天然乳化剂。

海洋植物萃取物：保湿，滋润，强化组织及漂白。

荷荷芭油：避免水分过度流失，使肌肤富有弹性。

芦荟：具滋润功效，可缓和皮肤过敏现象。

微量元素：对细胞的功能非常重要，有催化作用，使细胞再生。

β-胡萝卜素：帮助肥厚角质代谢，防止毛孔阻塞。

紫根：除皱，解毒，活化肌肤。

蛇麻草：杀菌，消毒，镇静。

黄瓜：软化及滋润。

白百合精：镇静，柔软，消肿，并补充肌肤水分。

马栗子提炼物：取自生栗子的天然物质，可促进血液循环。

Allantion：具细胞复生作用，抗菌、收敛。

海角油：与手部肌肤组成元素相同，能深层渗透滋润。

维生素 B$_5$：滋润手部肌肤，使皮肤舒柔、消炎，避免敏感肌肤受到刺激，促进细胞再生，加速皮肤伤口愈合的速度。

维生素 E：紧肤防皱，滋润营养皱裂的肌肤，刺激细胞呼吸的作用，促进肌肤组织内循环活跃，帮助手部皮肤天然再生，并可防止皮肤老化，促进血液循环。

二、手部干裂形成的原因

秋、冬季由于气候的变化，使得皮肤干燥、破裂，指缘出现肉刺、硬皮，失去水分的指甲发干、变脆、易断裂。

三、干裂手护理机的使用方法（见图 3—1—1）

图 3—1—1　干裂手护理机

1. 将专用纸杯放入电热油器也就是干裂手护理机中，倒入营养油或专用护理精油。

2. 将插头通电，打开开关，预热 5～10 min。

3. 操作者用手将顾客的手轻轻按平，将指甲平贴在电热油器专用纸杯中，进行干裂手护理。

工作程序

一、手部皮肤美白的护理方法

1. 服务范围

手部皮肤美白护理，服务时间 80 min。

2. 本节用品

消毒液（浓度 41% 的福尔马林）、消毒液容器、毛巾、垫枕、蜡膜机、蜜蜡、浓度 75% 的酒精、棉花（片）、棉花容器、洗甲水、桔木棒、小镊子、指甲刀、180 号打磨砂条、粉尘刷、浸手碗、护理浸液、指皮软化剂、指皮推、V 形推叉、指皮剪、营养油、自然甲抛光块（条）、去角质霜、按摩霜、保鲜膜或塑料袋、电热手套、软肤露、美白软膜、玻璃碗、小刷子、美白乳液、底油、彩色甲油、亮油、一次性纸巾、废物袋。

3. 准备步骤

（1）消毒工作台。

（2）从消毒柜中取出干净的毛巾铺在工作台上，另卷起一块毛巾或用固定垫枕垫在毛巾下顾客的手腕处。

（3）准备好已消毒完毕的工具和用品。

（4）打开蜡膜机的电源开关，溶好蜜蜡后恒温待用。

（5）清洁自己和顾客的双手。

（6）总是从左手到右手，从每只手的小指开始工作。

4. 规范操作程序

（1）用浓度 75% 的酒精给自己和顾客的双手消毒。

（2）用蘸有洗甲水的棉花或棉片清除顾客双手自然指甲上的甲油，并用桔木棒制作棉签，蘸取洗甲水清洁指甲甲沟、甲壁、指皮后缘和指甲前缘下方的残留甲油。

（3）根据顾客的要求，使用指甲刀修剪左手指甲的长短。然后用 180 号打磨砂条单方向（切忌来回）修整左手指甲前缘形状。

（4）用粉尘刷清除干净指甲表面和甲沟内的粉尘。

（5）在浸手碗中注入温水，加入适量的护理浸液，浸泡左手。

（6）使用指甲刀修剪右手指甲的长短，然后用180号打磨砂条单方向（切忌来回）修整右手指甲前缘形状。

（7）用粉尘刷清除干净指甲表面和甲沟内的粉尘。

（8）将左手移出浸手碗，用毛巾擦干，开始以下步骤，并将修整好的右手放置在浸手碗中浸泡。

（9）用桔木棒制作棉签，蘸取酒精清洁指甲前缘下方的污渍。

（10）在指甲后缘处涂抹指皮软化剂，加速后缘指皮疏松、软化（切忌过多涂抹到指甲表面）。

（11）用指皮推将指甲后缘指皮轻轻向指甲后缘处推至起翘。

（12）用指皮剪剪去疏松起翘的后缘指皮，同时剪去指甲甲沟两侧硬茧或用V形推叉由指甲后缘处向前缘方向轻轻推去。步骤（10）~（12）需要在一个指甲上完成后再进行下一个指甲。

（13）将右手移出浸手碗，用毛巾擦干，重复步骤（9）~（12）。

（14）在指甲后缘处涂抹营养油。

（15）轻轻按摩后缘指皮。

（16）用自然甲抛光块（条）由粗到细对指甲表面进行抛光。

（17）清洁双手。

（18）在左手上均匀涂抹一层去角质霜，使皮肤表皮的厚硬角质层软化、易脱离。

（19）将软化的厚硬角质层轻轻搓去并清洁干净。

（20）涂按摩霜，按摩肘关节以下小臂、手掌、手指部位。

1）旋转手指。捏着指尖沿尽可能大的弧度轻柔转动3次。

2）摩擦手背。将双手拇指按在顾客手背上，从手腕开始，渐次轻柔摩擦至指关节，然后双手同时回到手腕处。该动作重复3次。

3）推拿手掌。双手拇指的第一指节按在顾客的手掌上，从手腕开始，渐次摩擦至手指根部。该动作重复5次。

4）推拿手指。双手的拇指和食指捏住顾客手指，从指节开始，渐次揉擦至指尖，然后双手同时回到指节处。该动作在每个手指上重复3次。

5）旋转手腕。让顾客的肘部垫在桌子上，一只手握住顾客的手腕，另一只手握住顾客的全部手指，旋转手腕 3 次。

6）屈伸手掌。一只手托住顾客的手腕，另一只手掌抵住顾客的手掌，屈伸手掌 3 次。

7）屈伸手腕。一只手托住顾客的手腕，另一只手的手指与顾客的手指交叉相握，屈伸旋转手腕 3 次。

8）轻拉。一只手托住顾客的手腕，另一只手的拇指和食指捏住顾客的指尖轻轻一拉。该动作重复 3 次。

9）摩擦手和手腕。让顾客的肘部放置在毛巾垫上，并使其手臂竖立，用双手上下揉擦顾客的手部。该动作重复 3 次。

10）推拿前臂。紧紧握住顾客手腕，使其掌心向下，双手紧贴顾客小臂上下推拿，渐次至肘部。该动作重复 3 次。

11）按摩前臂。让顾客掌心向下，双手握住顾客的前臂。拇指放置在顾客手腕处，然后用拇指施力，揉擦渐至肘部，再返回手腕。该动作重复 3 次。

12）旋转肘部。一只手握住顾客的手腕，另一只手的拇指和食指捏住肘关节，旋转 3 次。

（21）在右手上重复步骤（18）~（20）。

（22）清洁双手。

（23）请顾客将手指张开，放入蜡膜机内已溶好的蜜蜡中，使蜡液包裹整只手掌形成均匀的蜡膜手套。

（24）将手用保鲜膜或塑料袋套好。

（25）戴上电热手套，接通电源，保温 10 min。

（26）除去手上的电热手套。

（27）除去手上的蜡膜。

（28）清洁双手。

（29）在手上均匀涂抹一层软肤露，滋润皮肤。

（30）在玻璃碗中把适量的美白软膜用纯净水调成糊状，用小刷子涂满双手手背，等其慢慢干透（见图 3—1—2）。

（31）除去手上的美白软膜。

（32）清洁双手。

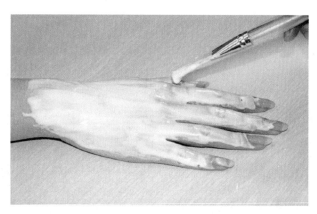

图 3—1—2　涂抹美白软膜

（33）在手上均匀涂抹一层美白乳液，美白皮肤。

（34）用蘸有酒精的棉花或棉片清除指甲表面上的浮油，并用桔木棒制作棉签，蘸取酒精清洁指甲甲沟、甲壁、指皮后缘和指甲前缘下方的残留污渍。

（35）涂抹甲油前收费。

（36）再次给自己和顾客的双手消毒。

（37）涂抹一层底油。

（38）涂抹两层彩色甲油。

（39）涂抹一层亮油。

（40）涂甲油的过程中如需清理，则用桔木棒制作棉签，蘸取洗甲水清理涂到指甲表面以外的甲油。

（41）把所有使用过的工具放入盛有消毒液的容器内浸泡消毒。

（42）清理工作台。

（43）建立顾客档案，预约下一次服务时间。

二、干裂手的护理方法

1. 服务范围

干裂手护理，服务时间 80 min。

2. 本节用品

消毒液（浓度 41% 的福尔马林）、消毒液容器、毛巾、垫枕、蜜蜡、蜡疗机、干裂手护理机、护理精油、浓度 75% 的酒精、棉花（片）、棉花容器、洗甲水、桔木棒、小镊子、指甲刀、180号打磨砂条、粉尘刷、浸手碗、护理浸液、指皮软化剂、指皮推、V形推叉、指皮剪、营养油、自然甲抛光块（条）、去角质霜、按摩霜、保鲜膜或塑料袋、电热手套、特效干裂护理霜、底油、彩色甲油、亮油、一次性纸巾、废物袋。

3. 准备步骤

（1）消毒工作台。

（2）从消毒柜中取出干净的毛巾铺在工作台上，另卷起一块毛巾或用固定垫枕垫在毛巾下顾客的手腕处。

（3）准备好已消毒完毕的工具和用品。

（4）打开蜡膜机的电源开关，溶好蜜蜡后恒温待用。

（5）在干裂手护理机的专用纸杯中倒入适量的护理精油，打开电源开关预热。

（6）清洁自己和顾客的双手。

（7）总是从左手到右手，从每只手的小指开始工作。

4. 规范操作程序

（1）用浓度75%的酒精给自己和顾客的双手消毒。

（2）用蘸有洗甲水的棉花或棉片清除顾客双手自然指甲上的甲油，并用桔木棒制作棉签，蘸取洗甲水清洁指甲甲沟、甲壁、指皮后缘和指甲前缘下方的残留甲油。

（3）根据顾客的要求，使用指甲刀修剪左手指甲的长短。然后用180号打磨砂条单方向（切忌来回）修整左手指甲前缘形状。

（4）用粉尘刷清除干净指甲表面和甲沟内的粉尘。

（5）在浸手碗中注入温水，加入适量的护理浸液，浸泡左手。

（6）使用指甲刀修剪右手指甲的长短，然后用180号打磨砂条单方向（切忌来回）修整右手指甲前缘形状。

（7）用粉尘刷清除干净指甲表面和甲沟内的粉尘。

（8）将左手移出浸手碗，用毛巾擦干，开始以下步骤，并将修整好的右手放在浸手碗中浸泡。

（9）用桔木棒制作棉签，蘸取酒精清洁指甲前缘下方的污渍。

（10）在指甲后缘处涂抹指皮软化剂，加速后缘指皮疏松、软化（切忌过多涂抹到指甲表面）。

（11）用指皮推将指甲后缘指皮轻轻向指甲后缘处推至起翘。

（12）用指皮剪剪去疏松起翘的后缘指皮，同时剪去指甲甲沟两侧硬茧或用 V 形推叉由指甲后缘处向前缘方向轻轻推去。步骤（10）~（12）需要在一个指甲上完成后再进行下一个指甲。

（13）将右手移出浸手碗，用毛巾擦干，重复步骤（9）~（12）。

（14）用自然甲抛光块由粗到细对指甲表面进行抛光。

（15）清洁双手。

（16）在左手上均匀涂抹一层去角质霜，使皮肤表皮的厚硬角质层软化、易脱离。

（17）将软化的厚硬角质层轻轻搓去并清洁干净。

（18）将左手放入干裂手护理机里的护理精油中浸泡。

（19）在右手上均匀涂抹一层去角质霜，使皮肤表皮的厚硬角质层软化、易脱离。

（20）将软化的厚硬角质层轻轻搓去并清洁干净。

（21）将左手移出干裂手护理机，指尖留有护理精油不要擦干，并把右手放入干裂手护理机里的护理精油中浸泡。

（22）涂按摩霜，按摩左手肘关节以下小臂、手掌、手指部位。

1）旋转手指。捏着指尖沿尽可能大的弧度轻柔转动 3 次。

2）摩擦手背。将双手拇指按在顾客手背上，从手腕开始，渐次轻柔摩擦至指关节，然后双手同时回到手腕处。该动作重复 3 次。

3）推拿手掌。双手拇指的第一指节按在顾客的手掌上，从手腕开始，渐次摩擦至手指根部。该动作重复 5 次。

4）推拿手指。双手的拇指和食指捏住顾客手指，从指节开始，渐次揉擦至指尖，然后双手同时回到指节处。该动作在每个手指上重复 3 次。

5）旋转手腕。让顾客的肘部垫在桌上，一只手握住顾客的手腕，另一只手握住顾客的全部手指，旋转手腕 3 次。

6）屈伸手掌。一只手托住顾客的手腕，另一只手掌抵住顾客的手掌，屈伸手掌 3 次。

7）屈伸手腕。一只手托住顾客的手腕，另一只手的手指与顾客的手指交叉相握，屈伸旋转手腕 3 次。

8）轻拉。一只手托住顾客的手腕，另一只手的拇指和食指捏住顾客的指尖轻轻一拉。该动作重复 3 次。

9）摩擦手和手腕。让顾客的肘部放置在毛巾垫上，并使其手臂竖立，用双手上下揉擦顾客的手部。该动作重复 3 次。

10）推拿前臂。紧紧握住顾客手腕，使其掌心向下，双手紧贴顾客小臂上下推拿，渐次至肘部。该动作重复 3 次。

11）按摩前臂。让顾客掌心向下，双手握住顾客的前臂。拇指放置在顾客手腕处，然后用拇指施力，揉擦渐至肘部，再返回手腕。该动作重复 3 次。

12）旋转肘部。一只手握住顾客的手腕，另一只手的拇指和食指捏住肘关节，旋转 3 次。

（23）将右手移出干裂手护理机，指尖留有护理精油不要擦干。

（24）涂按摩霜，按摩右手肘关节以下小臂、手掌、手指部位，步骤同左手。

（25）清洁双手。

（26）请顾客将手指张开，放入蜡膜机内已溶好的蜜蜡中，使蜡液包裹整只手掌形成均匀的蜡膜手套。

（27）将手用保鲜膜或塑料袋套好。

（28）戴上电热手套，接通电源，保温 10 min。

（29）除去手上的电热手套。

（30）除去手上的蜡膜。

（31）在手上均匀涂抹一层特效干裂护理霜。

（32）用蘸有酒精的棉花或棉片清除指甲表面上的浮油，并用桔木棒制作棉签，蘸取酒精清洁指甲甲沟、甲壁、指皮后缘和指甲前缘下方的残留油渍。

（33）涂抹甲油前收费。

（34）再次给自己和顾客的双手消毒。

（35）涂抹一层底油。

（36）涂抹两层彩色甲油。

（37）涂抹一层亮油。

（38）涂甲油的过程中如需清理，则用桔木棒制作棉签，蘸取洗甲水清理涂到指甲表面以外的甲油。

（39）把所有使用过的工具放入盛有消毒液的容器内浸泡消毒。

（40）清理工作台。

（41）建立顾客档案，预约下一次服务时间。

注意事项

干裂手护理程序并不复杂，时间也和标准手护理差不多，因为它们的步骤是相同的。这种服务专门适用于干燥、发脆的指甲。不过要是给顾客做水晶指甲服务，那就不适宜进行干裂手护理程序，因为该程序中使用的护理浸液会降低水晶指甲的附着强度。干裂手护理疗程是一周一次，连续做 12 周。

第2节　足部皮肤护理

学习目标

1. 能够对足部进行美白护理。
2. 能够对干裂足进行特殊护理。

相关知识

一、皮肤水分测试仪的使用方法及维护保养知识（见图 3—2—1）

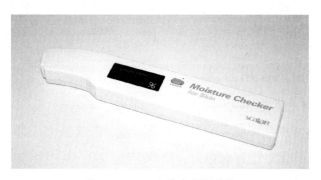

图 3—2—1　皮肤水分测试仪

1. 使用方法

（1）打开电源。

（2）用软布或纸巾轻轻擦拭传感器的表面。

（3）显示器显示"0.0"并听到"嘟"声时，测试仪即可使用。

（4）将测试仪垂直放置在需测试的皮肤上，适当用力将传感器压入测试仪（传感器与测试仪之间有弹簧连接）。

（5）将测试仪放置在皮肤上，几秒钟后再次听到"嘟"声时显示器会显示所测试皮肤的水分含量。

（6）再过几秒钟后，显示器会重新显示"0.0"（如果显示器不断闪现"0.0"，说明测试仪正在进行自我调适）。

（7）重新测试，请重复上述步骤（2）～（5）。

2. 维护保养

（1）每次测试前都要用软布或纸巾清洁传感器。

（2）为不同的顾客测试前要用消毒溶液为传感器消毒。

（3）一定要将传感器垂直放置在被测试的皮肤上，传感器的整个表面都要与所测皮肤接触。

（4）不宜测试多汗、过湿、不清洁或汗毛过重的皮肤。

（5）如果显示器显示"错误"或不断闪现"0.0"，说明传感器可能无法自我调适。如果出现这种情况，应先关掉电源，然后重复"使用方法"中的步骤（1）～（6）。如果问题仍然存在，检查电池接触情况或重新安装电池。更换电池的时候，注意电池盖上指示的电池放置方向。

（6）如果显示器显示"0.0"，但测试皮肤时无反应，应该检查传感器是否垂直放置在所测皮肤上或是检查所测皮肤是否太湿、太脏、多汗或多毛。

二、足浴设备的使用方法

1. 蒸汽足浴桶（见图3—2—2）

蒸汽足浴桶的特点是可用中药蒸汽舒筋活血，舒缓压力，对老年风湿关节炎有很好的缓解效果。其优点是省水省力，操作简便。

图 3—2—2　蒸汽足浴桶

使用时人的双腿放置在木桶中，大腿以上盖一条毯子封住木桶的边缘，防止蒸汽外溢。在蒸汽杯中倒入中药粉和纯净水的混合溶液，接通电源即可（见图 3—2—3）。

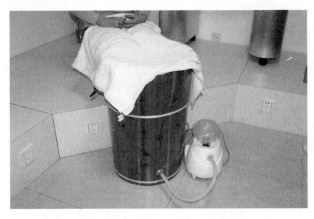

图 3—2—3　蒸汽足浴桶使用示意图

蒸汽足浴桶使用之前先用清水浸泡 12 h，使木桶充分膨胀，避免漏水。用完后须将蒸汽杯清洗干净。

2. 足浴 SPA 椅（见图 3—2—4 和图 3—2—5）

使用时，在足浴设备内注入 2/3 的温热水，将足浴粉 1 袋泡入水中，并在水中滴入 3~5 滴玫瑰精油。然后检查电源开关，准备启动。在对顾客的脚部完成洗浴和消毒操作以后，将顾客的双脚放入足浴设备中，启动开关，按照冲浪、振动、循环的方式对全身按摩、理疗，并对足部进行护理。清洁工作时长 20 min。然后再进行随后的其他内容服务。

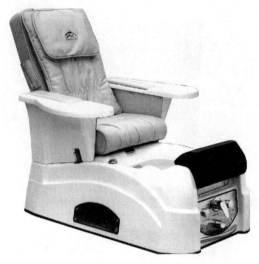

图 3—2—4　足浴 SPA 椅

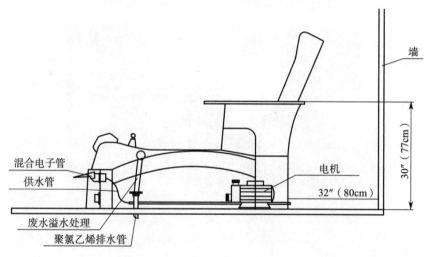

图 3—2—5　足浴 SPA 椅安装示意图

混合电子管
供水管
废水溢水处理
聚氯乙烯排水管
电机
32″（80cm）
30″（77cm）
墙

　　足浴 SPA 椅能使顾客在完全放松和松弛的状态下，享受海水般的振动，全身穴位的按摩，同时在精油的作用下，回归自然，吸收营养，排除毒素。

工作程序

一、足部皮肤美白的护理方法

1. 服务范围

足部皮肤美白护理，服务时间 120 min。

2. 护理用品

消毒液（浓度 41% 的福尔马林）、消毒液容器、毛巾、蜡膜机、蜜蜡、足浴盆、一次性塑料袋、护理浸液、浓度 75% 的酒精、刮脚刀、搓脚板、棉花（片）、棉花容器、洗甲水、桔木棒、小镊子、指甲刀、180 号打磨砂条、粉尘刷、指皮软化剂、指皮推、V 形推叉、指皮剪、营养油、自然甲抛光块（条）、去角质霜、按摩霜、保鲜膜或塑料袋、电热足套、塑料盆、小勺子、软肤露、美白软膜、玻璃碗、小刷子、美白乳液、隔趾海绵、底油、彩色甲油、亮油、一次性纸巾、废物袋。

3. 准备步骤

（1）请顾客坐在足护理专用沙发上。

（2）从消毒柜中取出干净的毛巾，折叠好放置在足部护理专用凳上。

（3）准备好已消毒完毕的工具和用品。

（4）打开蜡膜机的电源开关，溶好蜜蜡恒温待用。

（5）将一次性塑料袋套置在足浴盆中，将水加热到适宜温度后保持恒温，并加入适量的护理浸液。

（6）请顾客浸泡双脚 10～15 min。

（7）清洁自己的双手。

（8）总是从左脚到右脚，从每只脚的小趾开始工作。

4. 规范操作程序

（1）用浓度 75% 的酒精给自己的双手消毒。

（2）将顾客的左脚移出足浴盆，用毛巾擦干。

（3）用浓度 75% 的酒精给顾客的左脚消毒。

（4）用蘸有洗甲水的棉花或棉片清除顾客双脚自然趾甲上的甲油，并用桔木棒制作棉签，蘸取洗甲水清洁趾甲甲沟、甲壁、趾皮后缘和趾甲前缘下方的残留甲油。

（5）用指甲刀修剪趾甲的长短。

（6）用 180 号打磨砂条单方向（切忌来回）修整趾甲前缘形状。

（7）用粉尘刷清除干净趾甲表面和甲沟内的粉尘。

（8）用桔木棒制作棉签，蘸取酒精清洁趾甲前缘下方、甲沟两侧的污渍。

（9）在趾甲后缘处涂抹指皮软化剂，加速后缘趾皮的疏松、软化（切忌过多涂抹到趾甲表面）。

（10）用指皮推将趾甲后缘趾皮轻轻向趾甲后缘处推至起翘。

（11）用指皮剪剪去疏松起翘的后缘趾皮，同时剪去趾甲甲沟两侧硬茧或用V形推叉由趾甲后缘处向前缘方向轻轻推去。步骤（9）~（11）应在一个趾甲上完成后再进行下一个趾甲的操作。

（12）在趾甲后缘处涂抹营养油。

（13）轻轻按摩后缘趾皮。

（14）用自然甲抛光块由粗到细对趾甲表面进行抛光。

（15）将左脚放回足浴盆中，移出右脚，用毛巾擦干，重复步骤（3）~（14）。

（16）将右脚放回足浴盆中，移出左脚，用毛巾擦干。

（17）用刮脚刀刮除或用搓脚板打磨脚部的硬皮和老茧，特别注意脚掌和脚跟部位。

（18）在脚面上均匀涂抹一层去角质霜，使皮肤表皮的厚硬角质层软化、易脱离。

（19）将软化的厚硬角质层轻轻搓去并清洁干净。

（20）涂按摩霜，按摩膝关节以下小腿、脚掌、脚趾部位。

1）双手摩擦脚部。

2）旋转脚踝部左、右各30~50次。

3）双手对搓脚部。

4）单手上、下拨动脚趾。

5）单手外拨脚趾。

6）拇指和食指夹提八邪穴。

7）点压每一脚趾腹。

8）点压脚底涌泉穴。

9）纵推每一脚趾。

10）两手拇指分推脚掌。

11）纵刮脚底3条线。

12）拇指顺时针旋磨脚心。

13）横推脚跟部。

14）纵推脚内侧。

15）两手拇指分推脚内踝骨下缘凹陷处。

16）纵推脚外侧。

17）两手拇指分推脚外踝骨下缘凹陷处。

18）两手拇指推脚面至内踝。

19）两手拇指推脚面至外踝前缘。

20）单手拇指下推外踝前缘。

21）单手拇指下推内踝前缘。

22）点揉脚底涌泉穴。

23）拿揉放松小腿。

24）敲击小腿。

（21）将左脚用毛巾包好，放置在一边。

（22）将顾客的右脚移出足浴盆，用毛巾擦干，重复步骤（17）~（20）。

（23）清洁双脚。

（24）将脚放入已套置好一次性塑料袋的脚盆中。

（25）用小勺子舀出溶好的蜜蜡，均匀地倒在脚上形成蜡膜足套。

（26）将脚用保鲜膜或塑料袋套好。

（27）戴上电热足套，接通电源，保温 10 min。

（28）除去脚上的电热足套。

（29）除去脚上的蜡膜。

（30）清洁双脚。

（31）在脚上均匀涂抹一层软肤露，滋润皮肤。

（32）在玻璃碗中把适量美白软膜用纯净水调成糊状，用小刷子涂满双脚脚背，等其慢慢干透（见图 3—2—6）。

（33）除去脚上的软膜。

（34）清洁双脚。

（35）在脚上均匀涂抹一层美白乳液，美白皮肤。

（36）用蘸有酒精的棉花或棉片清除趾甲表面上的浮油，并用桔木棒制作棉签，蘸取酒精清洁趾甲甲沟、甲壁、趾皮后缘和趾甲前缘下方的残留污渍。

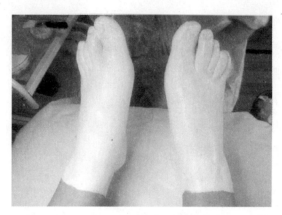

图3—2—6 涂抹美白软膜

（37）涂抹甲油前收费。

（38）再次给自己的双手消毒。

（39）戴上隔趾海绵。

（40）涂抹一层底油。

（41）涂抹两层彩色甲油。

（42）涂抹一层亮油。

（43）涂甲油的过程中如需清理，则用桔木棒制作棉签，蘸取洗甲水清理涂到指甲表面以外的甲油。

（44）晾干甲油，取下隔趾海绵。

（45）把所有使用过的工具放入盛有消毒液的容器内浸泡消毒。

（46）清理工作台。

（47）建立顾客档案，预约下一次服务时间。

二、干裂足护理的方法

1. 服务范围

干裂足护理，服务时间 90 min。

2. 护理用品

消毒液（浓度 41% 的福尔马林）、消毒液容器、毛巾、蜡膜机、蜜蜡、护理精油、足浴盆、一次性塑料袋、护理浸液、浓度 75% 的酒精、刮脚刀、搓脚板、棉花（片）、棉花容器、洗甲水、桔木棒、小镊子、指甲刀、180 号打磨砂条、粉尘刷、指皮软化剂、指皮推、V形推叉、指皮剪、营养油、自然甲抛光块（条）、去角质霜、按摩霜、保鲜膜或塑料袋、电热足套、塑料盆、小勺子、特效干裂护理霜、隔趾海绵、底油、彩色甲油、亮油、一次性纸巾、废物袋。

3. 准备步骤

（1）请顾客坐在足部护理专用沙发上。

（2）从消毒柜中取出干净的毛巾，折叠好放置在足部护理专用凳上。

（3）准备好已消毒完毕的工具和用品。

（4）打开蜡膜机的电源开关，溶好蜜蜡恒温待用。

（5）将一次性塑料袋套置在足浴盆中，将水加热到适宜温度后保持恒温，并加入适量的护理浸液。

（6）请顾客浸泡双脚10～15 min。

（7）清洁自己的双手。

（8）总是从左脚到右脚，从每只脚的小趾开始工作。

4. 规范操作程序

（1）用浓度75%的酒精给自己的双手消毒。

（2）将顾客的左脚移出足浴盆，用毛巾擦干。

（3）用浓度75%的酒精给顾客的左脚消毒。

（4）用蘸有洗甲水的棉花或棉片清除顾客双脚自然趾甲上的甲油，并用桔木棒制作棉签，蘸取洗甲水清洁趾甲甲沟、甲壁、趾皮后缘和趾甲前缘下方的残留甲油。

（5）用指甲刀修剪趾甲的长短。

（6）用180号打磨砂条单方向（切忌来回）修整趾甲前缘形状。

（7）用粉尘刷清除干净趾甲表面和甲沟内的粉尘。

（8）用桔木棒制作棉签，蘸取酒精清洁趾甲前缘下方、甲沟两侧的污渍。

（9）在趾甲后缘处涂抹指皮软化剂，加速后缘趾皮的疏松、软化（切忌过多涂抹到趾甲表面）。

（10）用指皮推将趾甲后缘趾皮轻轻向趾甲后缘处推至起翘。

（11）用指皮剪剪去疏松起翘的后缘趾皮，同时剪去趾甲甲沟两侧硬茧或用V形推叉由趾甲后缘处向前缘方向轻轻推去。步骤（9）～（11）需要在一个趾甲上完成后再进行下一个趾甲。

（12）用自然甲抛光块由粗到细对趾甲表面进行抛光。

（13）将左脚放回足浴盆中，移出右脚，用毛巾擦干，重复步骤（3）~（12）。

（14）将右脚放回足浴盆中，移出左脚，用毛巾擦干。

（15）用刮脚刀刮除或用搓脚板打磨脚部的硬皮和老茧，特别注意脚掌和脚跟部位。

（16）在脚面上均匀涂抹一层去角质霜，使皮肤表皮的厚硬角质层软化、易脱离。

（17）将软化的厚硬角质层轻轻搓去并清洁干净。

（18）在脚部干裂部位涂抹一层护理精油，轻轻按摩。

（19）涂按摩霜，按摩膝关节以下小腿、脚掌、脚趾部位。

1）双手摩擦脚部。

2）旋转脚踝部左、右各30~50次。

3）双手对搓脚部。

4）单手上、下拨动脚趾。

5）单手外拨脚趾。

6）拇指和食指夹提八邪穴。

7）点压每一脚趾腹。

8）点压脚底涌泉穴。

9）纵推每一脚趾。

10）两手拇指分推脚掌。

11）纵刮脚底3条线。

12）拇指顺时针旋磨脚心。

13）横推脚跟部。

14）纵推脚内侧。

15）两手拇指分推脚内踝骨下缘凹陷处。

16）纵推脚外侧。

17）两手拇指分推脚外踝骨下缘凹陷处。

18）两手拇指推脚面至内踝。

19）两手拇指推脚面至外踝前缘。

20）单手拇指下推外踝前缘。

21）单手拇指下推内踝前缘。

22）点揉脚底涌泉穴。

23）拿揉放松小腿。

24）敲击小腿。

（20）将左脚用毛巾包好，放置在一边。

（21）将顾客的右脚移出足浴盆，用毛巾擦干，重复步骤（15）~（19）。

（22）清洁双脚。

（23）将脚放入已套好塑料袋的脚盆中。

（24）用小勺子舀出溶好的蜜蜡，均匀地倒在脚上形成蜡膜足套。

（25）将脚用保鲜膜或塑料袋套好。

（26）戴上电热足套，接通电源，保温 10 min。

（27）除去脚上的电热足套。

（28）除去脚上的蜡膜。

（29）在脚上均匀涂抹一层特效干裂护理霜。

（30）用蘸有酒精的棉花或棉片清除趾甲表面上的浮油，并用桔木棒制作棉签，蘸取酒精清洁趾甲甲沟、甲壁、趾皮后缘和趾甲前缘下方的残留油渍。

（31）涂抹甲油前收费。

（32）再次给自己的双手消毒。

（33）戴上隔趾海绵

（34）涂抹一层底油。

（35）涂抹两层彩色甲油。

（36）涂抹一层亮油。

（37）涂甲油的过程中如需清理，则用桔木棒制作棉签，蘸取洗甲水清理涂到指甲表面以外的甲油。

（38）晾干甲油，取下隔趾海绵。

（39）把所有使用过的工具放入盛有消毒液的容器内浸泡消毒。

（40）清理工作台。

（41）建立顾客档案，预约下一次服务时间。

提示：若顾客提出使用甲油胶，操作步骤的（35）～（39）应按照甲油胶涂抹程序进行。

注意事项

1. 冬季进行足部护理时，涂抹趾甲油遇到问题，甲油很难干透，穿袜子时会破坏甲油表面，因此，须在服务前告诉顾客，预留出甲油烘干的时间，并请顾客自备拖鞋。

2. 冬季进行足部护理使用足浴设备时，应提醒顾客，不要穿过紧的保暖裤，以免膝关节以下不方便按摩。

3. 涂抹甲油胶需要照灯，为了让顾客体验感觉舒适，手、足部使用的照灯需要分开。

本章习题

1. 美白手护理的规范程序是什么？

2. 干裂足护理的规范程序是什么？

3. 为什么要使用皮肤水分测试仪？

4. 美白手护理过程中需要进行几次消毒？

5. 什么物质可以美白皮肤？

6. 进行手、足护理仅仅是为了外表美观吗？

7. 冬季美足时应提醒顾客注意什么？

8. 常用的美足设备有几种？

9. 怎样维护、保养木质的美足设备？

10. 为什么要建立顾客档案？

第4章 人造指甲的制作和卸除

本章知识点：水晶指甲、凝胶指甲的制作原理、程序及方法。

本章重点：水晶指甲、凝胶指甲材料的特性及使用要求。

本章难点：水晶指甲、凝胶指甲的造型要求。

随着科学技术的不断发展，制作水晶指甲、凝胶指甲的原料不断丰富，因而拓宽了美甲师的创作空间。多种形式的技法，在塑造指甲外形和丰富指甲文化内容上都可以创造出动人的美甲款式，从而进一步满足了不同顾客的个性要求。

第1节 制作水晶指甲

学习目标

1. 能够借助各种贴片制作水晶指甲。
2. 能够制作单色水晶指甲。
3. 能够制作基础法式水晶指甲。
4. 能够修补各种水晶指甲。
5. 能够卸除各种水晶指甲。

相关知识

一、指托板的类型及操作要领

1. 指托板的类型

（1）贴片托板

贴片托板为塑料质，一次性使用。

（2）带铝箍形指托板

带铝箍形指托板为塑料制，消毒后可重复使用，但不易矫形（见图4—1—1）。

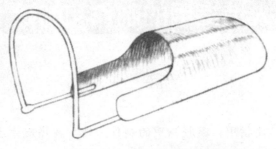

图4—1—1　带铝箍形指托板

（3）环形指托板

环形指托板为铝制，消毒后可重复使用，但不易矫形（见图4—1—2）。

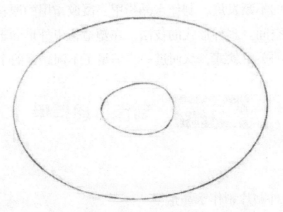

图4—1—2　环形指托板

（4）纸托板

纸托板有泰乐形、马蹄形、鱼尾形，其特点是可矫形、成本低（见图4—1—3）。

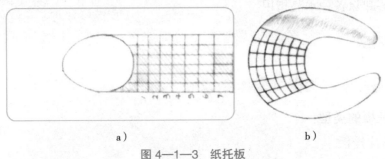

a）　　　　　　　　　　　　　　b）

图4—1—3　纸托板
a）泰乐形　b）马蹄形

2. 给指甲上纸托板时的4个基本规则

（1）如果纸托板向上翘，那么制作出来的水晶甲也会上翘（见图4—1—4）。

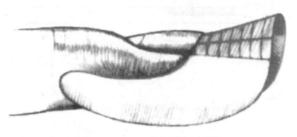

图4—1—4　上翘的纸托板

（2）如果纸托板向下垂，那么制作出来的水晶甲也会下垂（见图4—1—5）。

图4—1—5　下垂的纸托板

（3）如果纸托板没有放正，水晶指甲就会歪斜（见图4—1—6）。

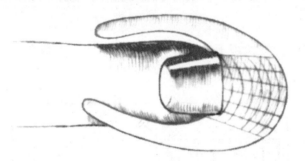

图4—1—6　歪斜的纸托板

（4）如果上纸托板的方法正确，即使自然指甲是歪斜的，制作出来的水晶甲也不会歪斜（见图4—1—7）。

3. 操作要领

（1）正常情况下，撕去纸托板的底纸，卡住指甲前缘，放正，先按住指尖处，然后对准两边再贴好。

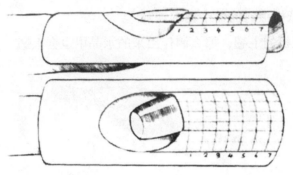

图4—1—7 正确的纸托板

（2）特殊情况下：

1）指节过大时，纸托板要撕开后部并向两边翻开（见图4—1—8）。

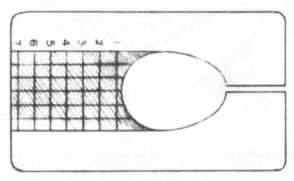

图4—1—8 指节过大

2）指甲过宽时，纸托板无法钩住指甲前缘，可在纸托板的第一格的两边剪出两个角（见图4—1—9）。

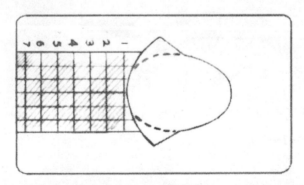

图4—1—9 指甲过宽

3）没指甲前缘或指甲形状呈C形时，可将原钩住指甲前缘处剪成方形（见图

4—1—10 ）。

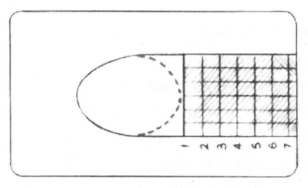

图 4—1—10　无指甲前缘、C 形变形

4）指芯外露时，顾客的指芯长出了指甲前缘，纸托板无法固定，可在纸托板的 C 形处剪出一个齿形弯曲（见图 4—1—11 ）。

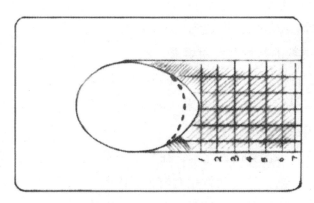

图 4—1—11　指芯外露

5）如果一些顾客希望自己的指形下垂，那么可以把纸托板以同样的倾斜度略微下垂就可以了（见图 4—1—12 ）。

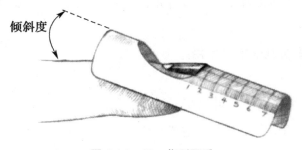

图 4—1—12　指形下垂

6）纸托板不可过紧，否则就会和指甲前缘之间形成较大的缝隙。

二、水晶指甲的造型要求

1. 指甲前缘与甲盖的比例

指甲前缘与甲盖的比例应根据顾客指甲的质量及要求选择。

（1）正常情况下，前缘与甲盖的比例约为2∶3。

（2）指甲薄软的情况下，前缘与甲盖的比例是1∶3或1∶4。

（3）特殊需要及质量好的时候，前缘与甲盖的比例是1∶1。

2. 微笑线的弧度

（1）在做法式水晶甲的时候，微笑线的成型最重要，而且与指甲的形状相互关联。

（2）修成方形或圆形时微笑线的弧度应为1/4～1/3圆弧度；圆形、椭圆形的指甲微笑线弧度应为1/3弧度。

（3）国际流行的微笑线弧度达到了1/2弧度。

3. 水晶指甲材料的特性及使用要求

（1）水晶指甲材料有水晶甲液、水晶甲粉、洗笔水等。

（2）水晶甲液是溶液制剂和粉末状的水晶甲粉混合后形成硬度如同塑料的物质，用于制作各式各样的水晶甲。

（3）水晶甲粉大多含有过氧化苯，在与水晶甲液混合时发生催化反应。气味较弱时，其黏性较强，黏合的时间就相对较长。因此，一般在室温22℃±5℃时，为最佳操作温度。温度偏低时，水晶甲液少一些，甲粉多一些；温度偏高时，水晶甲液多一些，甲粉少一些。

（4）洗笔水也叫作丙酮，是一种挥发较快的化学溶液，能洗掉黏附在水晶笔上的残留物。这些液体通常都要密闭和避光，并放置于阴凉干燥处保存。还要防止长期搁置而失效。

4. 消毒干燥黏合剂的安全使用方法

（1）P剂

P剂是一种强酸，它不仅可以用于粘紧水晶指甲，而且可以清除指甲表面的油迹，并杀死所有细菌。由于P剂会造成皮肤红肿、起泡、灼痛或瘙痒，因此一定要小心使用，切勿与皮肤接触。一旦P剂与皮肤接触，应立即用清水冲洗15 min，再用中性肥皂清洗。为了避免可能出现的事故，建议使用平稳托。冬季时，由于室温较低，P剂易结晶，此时不要拧开瓶盖，以免毛刷脱离瓶盖，留在液体内。若已结晶，只需用双手来回摩擦瓶体，瓶内的P剂马上就能"解冻"，不会影响使用效果。

（2）消毒干燥黏合剂应该涂抹两遍

涂抹第一遍时起到消毒、灭菌、除尘、脱水的作用。从小指开始，每个手指都涂遍，当指甲表面出现白色覆盖物时，表明达到效果，如果没有出现白色覆盖物则必须重新刻磨、除尘和涂抹消毒干燥黏合剂。第二遍消毒干燥黏合剂的涂抹是在制作水晶指甲之前，以保证自然指甲表面的湿润度和黏性。因此，第二遍消毒干燥黏合剂的涂抹必须是做一个水晶指甲涂抹一个指甲。

5. 水晶笔的使用、清洁及保养方法

（1）水晶笔一般由动物的尾毛制成（见图4—1—13）。

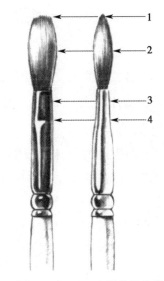

图4—1—13　水晶笔的构造
1—笔尖　2—笔身　3—笔根　4—笔箍

（2）水晶笔笔身用于蘸水晶甲液，把笔浸入水晶甲液直至笔根，然后在甲液杯远离自己的一端舔笔，用量多时，少挤一些液体，但是须记住只舔笔的一边（见图4—1—14）。

（3）笔尖用于蘸水晶甲粉，用笔尖由外向内蘸水晶甲粉，直至形成大小合适的水晶甲酯球（见图4—1—15）。

图4—1—14　舔笔

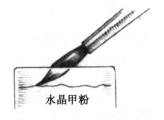

图4—1—15　蘸水晶甲粉

（4）水晶笔使用后应立即用洗笔水或水晶甲液认真清洗，并且在纸巾上擦拭干净后，套上笔套保存。应使用质量好的洗笔水，否则会损坏笔毛，缩短水晶笔的使用寿命。

6. 水晶甲酯的涂抹方法

（1）动作要领

1）笔的角度分为两种：

①第一笔平放笔身（见图4—1—16）。

图4—1—16　一笔角度

②第二、第三、第四笔如执铅笔（见图4—1—17）。

2）动作：第一笔拍，第二、第三、第四笔涂抹。

（2）制作方法

水晶甲酯的涂抹一般都需要完成四个步骤，如果顾客自然指甲的指甲板很小，也可以酌情省略第二个步骤（见图4—1—18）。

图4—1—17　第二、第三、第四笔角度

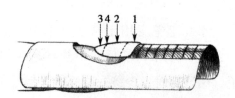

图4—1—18　水晶甲酯涂抹步骤

1）第一笔将水晶甲酯放置在指甲前缘处，水晶甲酯球要大，液体含量多，用笔身从中间向两边拍（见图4—1—19）。

2）第二笔将水晶甲酯放置在指甲板的上半部分，水晶甲酯球要稍小，但甲液量较第一笔多，用笔尖由指甲后缘向前缘方向涂抹（见图4—1—20）。

3）第三笔将水晶甲酯放置在指甲板的后半部，水晶甲酯球和水晶甲液量同第二笔，用笔尖由指甲后缘向前缘方向涂抹，并且与指甲后缘指皮保持0.8 mm的距离（见图4—1—21）。

4）第四笔将水晶甲酯放置在指甲板的中间部分，即第二笔与第三笔之间，水晶甲液含量要大，用笔尖由指甲后缘向前缘方向涂抹，使指甲表面尽量光滑平整（见图4—1—22）。

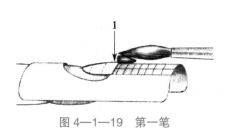

图4—1—19 第一笔

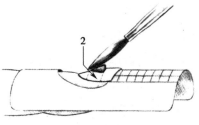

图4—1—20 第二笔

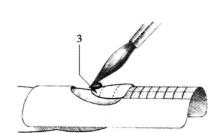

图4—1—21 第三笔

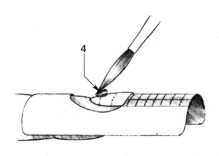

图4—1—22 第四笔

5）随着水晶甲酯的凝固，在水晶甲酯还未定型之前，用双手拇指放置在顾客手指微笑线的a、b两点均匀用力向中间挤压，使水晶指甲产生自然起伏的C弧拱度（见图4—1—23）。

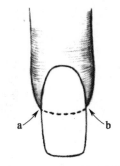

图4—1—23 挤压前缘

工作程序

一、半贴贴片水晶甲

1. 服务范围

半贴贴片水晶甲，服务时间90 min。

2. 本节用品

消毒液（浓度41%的福尔马林）、消毒液容器、毛巾、垫枕、浓度75%的酒精、棉花（片）、棉花容器、洗甲水、桔木棒、小镊子、指甲刀、180号打磨砂条、粉尘刷、浸手碗、护理浸液、指皮软化剂、指皮推、V形推叉、指皮剪、半贴贴片、贴片胶、U形剪、消毒干燥黏合剂、平稳托、甲液杯、水晶甲液、水晶笔、透明水晶甲粉、洗笔水、营养油、抛光块（条）、彩色甲油、亮油、一次性纸巾、废物袋。

3. 准备步骤

（1）消毒工作台。

（2）从消毒柜中取出干净的毛巾铺在工作台上，另卷起一块毛巾或用固定垫枕垫在毛巾下顾客的手腕处。

（3）准备好已消毒完毕的工具和用品。

（4）清洁自己和顾客的双手。

（5）总是从左手到右手，从每只手的小指开始工作。

（6）给顾客的双手做好自然指甲基本护理（从消毒至剪完双手指皮）。

（7）给顾客的双手贴好半贴贴片（从刻磨自然指甲表面至修整好贴片前缘形状，并除尘完毕）。

4. 规范操作程序

（1）在指甲表面涂第一遍消毒干燥黏合剂，让其完全干燥（见图4—1—24）。

图4—1—24　涂抹第一遍消毒干燥黏合剂

（2）在甲液杯中倒入适量的水晶甲液，准备好水晶甲粉、水晶笔和擦笔的纸巾。

（3）在指甲表面涂第二遍消毒干燥黏合剂，趁其湿润的时候，开始涂抹水晶甲酯。

（4）用水晶笔蘸取适量水晶甲液和水晶甲粉，将凝聚成球状的水晶甲酯放置在指甲板的前半部，用笔身轻拍抹平（见图4—1—25）。

（5）用水晶笔将适量的水晶甲酯放置在指甲板后半部，用笔前端由指甲后缘向前缘方向轻拍抹平。注意与指甲后缘应留有约 0.8 mm 距离（见图4—1—26）。

图 4—1—25　放置第一笔水晶甲酯

图 4—1—26　放置第二笔水晶甲酯

（6）用水晶笔将适量水晶甲酯放置在指甲板中间位置，甲液量要大，使水晶甲酯能够迅速流动，用笔前端迅速将水晶甲酯涂抹覆盖整个指甲表面。步骤（3）~（6）应在一个指甲上完成后再进行下一个指甲（见图 4—1—27）。

图 4—1—27　放置第三笔水晶甲酯

（7）用洗笔水或水晶甲液清洗水晶笔，并用一次性纸巾擦干保存。

（8）用180号打磨砂条打磨整个指甲表面，修整形状。

（9）用粉尘刷清除干净指甲表面和甲沟内的粉尘。

（10）在指甲后缘处涂抹营养油。

（11）轻轻按摩后缘指皮。

（12）用抛光块（条）由粗到细对指甲表面进行抛光。

（13）用蘸有酒精的棉花或棉片清除指甲表面上的浮油，并用桔木棒制作棉签，蘸取酒精清洁指甲甲沟、甲壁、指皮后缘和指甲前缘下方的残留油渍。

（14）涂抹甲油前收费。

（15）再次给自己和顾客的双手消毒。

（16）涂抹两层彩色甲油。

（17）涂抹一层亮油。

（18）涂甲油的过程中如需清理，则用桔木棒制作棉签，蘸取洗甲水清理涂到指甲表面以外的甲油。

（19）把所有使用过的工具放入盛有消毒液的容器内浸泡消毒。

（20）清理工作台。

（21）建立顾客档案，预约下一次服务时间。

二、浅贴贴片水晶甲

1. 服务范围
法式浅贴贴片水晶甲，服务时间90 min。

2. 本节用品
消毒液（浓度41%的福尔马林）、消毒液容器、毛巾、垫枕、浓度75%的酒精、棉花（片）、棉花容器、洗甲水、桔木棒、小镊子、指甲刀、180号打磨砂条、粉尘刷、浸手碗、护理浸液、指皮软化剂、指皮推、V形推叉、指皮剪、法式浅贴贴片、贴片胶、U形剪、消毒干燥黏合剂、平稳托、甲液杯、水晶甲液、水晶笔、透明水晶甲粉、洗笔水、营养油、抛光块（条）、亮油、一次性纸巾、废物袋。

3. 准备步骤
（1）消毒工作台。

（2）从消毒柜中取出干净的毛巾铺在工作台上，另卷起一块毛巾或用固定垫枕垫在毛巾下顾客的手腕处。

（3）准备好已消毒完毕的工具和用品。

（4）清洁自己和顾客的双手。

（5）总是从左手到右手，从每只手的小指开始工作。

（6）给顾客的双手做好自然指甲基本护理（从消毒至剪完双手指皮）。

（7）给顾客的双手贴好半贴贴片（从刻磨自然指甲表面至修整好贴片前缘形状，并除尘完毕）。

4. 规范操作程序

（1）在指甲表面涂第一遍消毒干燥黏合剂，让其完全干燥。

（2）在甲液杯中倒入适量的水晶甲液，准备好水晶甲粉、水晶笔和擦笔的纸巾。

（3）在指甲表面涂第二遍消毒干燥黏合剂，趁其湿润的时候，开始涂抹水晶甲酯。

（4）用水晶笔蘸取适量水晶甲液和水晶甲粉，将凝聚成球状的水晶甲酯放置在指甲板的前半部，用笔身轻拍抹平（见图4—1—28）。

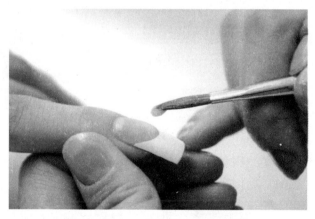

图4—1—28　放置第一笔水晶甲酯

（5）用水晶笔将适量的水晶甲酯放置在指甲板后半部，用笔前端由指甲后缘向前缘方向轻拍抹平。注意与指甲后缘应留有约0.8 mm距离。

（6）用水晶笔将适量水晶甲酯放置在指甲板中间位置，甲液量要大，使水晶甲酯能够迅速流动，用笔前端迅速将水晶甲酯涂抹覆盖整个指甲表面。步骤（3）~（6）应在一个指甲上完成后再进行下一个指甲。

（7）用洗笔水或水晶甲液清洗水晶笔，并用一次性纸巾擦干保存。

（8）用180号打磨砂条打磨整个指甲表面，修整形状。

（9）用粉尘刷清除干净指甲表面和甲沟内的粉尘。

（10）在指甲后缘处涂抹营养油。

（11）轻轻按摩后缘指皮。

（12）用抛光块（条）由粗到细对指甲表面进行抛光。

（13）用蘸有酒精的棉花或棉片清除指甲表面上的浮油，并用桔木棒制作棉签，蘸取酒精清洁指甲甲沟、甲壁、指皮后缘和指甲前缘下方的残留油渍。

（14）涂抹甲油前收费。

（15）再次给自己和顾客的双手消毒。

（16）涂抹一层亮油（见图4—1—29）。

（17）涂甲油的过程中如需清理，则用桔木棒制作棉签，蘸取洗甲水清理涂到指甲表面以外的甲油。

（18）把所有使用过的工具放入盛有消毒液的容器内浸泡消毒。

（19）清理工作台。

（20）建立顾客档案，预约下一次服务时间。

图4—1—29 法式浅贴贴片效果图

三、单色水晶指甲的制作方法

1. 服务范围

单色水晶指甲的制作，服务时间120 min。

2. 本节用品

消毒液（浓度41%的福尔马林）、消毒液容器、毛巾、垫枕、浓度75%的酒精、棉花（片）、棉花容器、洗甲水、桔木棒、小镊子、指甲刀、180号打磨砂条、粉尘刷、浸手碗、护理浸液、指皮软化剂、指皮推、V形推叉、指皮剪、消毒干燥黏合剂、平稳托、纸托板、甲液杯、彩色水晶甲液、水晶笔、透明水晶甲粉、C弧定型器、洗笔水、营养油、抛光块（条）、亮油、一次性纸巾、废物袋。

3. 准备步骤

（1）消毒工作台。

（2）从消毒柜中取出干净的毛巾铺在工作台上，另卷起一块毛巾或用固定垫枕垫在毛巾下顾客的手腕处。

（3）准备好已消毒完毕的工具和用品。

（4）清洁自己和顾客的双手。

（5）总是从左手到右手，从每只手的小指开始工作。

（6）给顾客的双手做好自然指甲基本护理（从消毒至剪完双手指皮）。

4. 规范操作程序

（1）用180号打磨砂条轻轻在指甲表面刻磨出细小划痕，以增大黏合接触面积（见图4—1—30）。

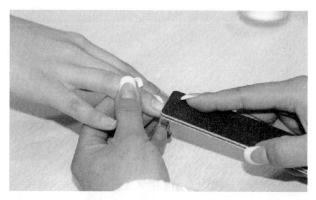

图4—1—30　刻磨指甲表面

（2）用粉尘刷清除干净指甲表面和甲沟内的粉尘（见图4—1—31）。

图4—1—31　除尘

（3）在指甲表面涂第一遍消毒干燥黏合剂，使其完全干燥（见图4—1—32）。

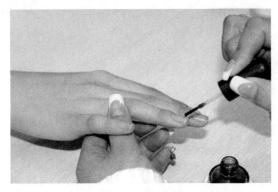

图 4—1—32　涂抹第一遍消毒干燥黏合剂

（4）给手指戴上纸托板，校正好形状（见图 4—1—33）。

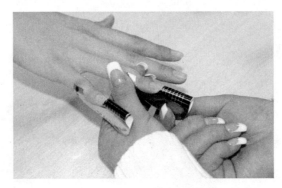

图 4—1—33　戴上纸托板

（5）在甲液杯中倒入适量的水晶甲液，准备好水晶甲粉、水晶笔和擦笔的纸巾。

（6）在指甲表面涂第二遍消毒干燥黏合剂，趁其湿润的时候，开始涂抹水晶甲酯（见图 4—1—34）。

图 4—1—34　涂抹第二遍消毒干燥黏合剂

（7）用水晶笔蘸取适量水晶甲液和水晶甲粉，将凝聚成球状的水晶甲酯放置在纸托板的指甲前缘部分，用笔身轻拍造型。

（8）用水晶笔将适量的水晶甲酯放置在指甲板后半部，用笔前端由指甲后缘向前缘方向轻拍抹平。注意与指甲后缘应留有约0.8 mm距离。

（9）用水晶笔将适量的水晶甲酯放置在指甲板中间位置，注意甲液量要大，水晶甲酯要能够迅速流动，用笔前端迅速将水晶甲酯涂抹覆盖整个指甲表面（见图4—1—35）。

图4—1—35 放置第三笔水晶甲酯

（10）趁水晶甲酯未定型时，用左右手拇指放置在指甲前缘两侧轻轻相对挤压，制造C弧拱度，然后使用C弧定型器来塑造前缘形状（见图4—1—36）。

图4—1—36 制造C弧拱度

（11）卸除纸托板。步骤（6）~（11）应在一个指甲上完成后再进行下一个指甲。

（12）用洗笔水或水晶甲液清洗水晶笔，并用一次性纸巾擦干保存。

（13）用180号打磨砂条打磨整个指甲表面，修整形状。

（14）用粉尘刷清除干净指甲表面和甲沟内的粉尘（见图4—1—37）。

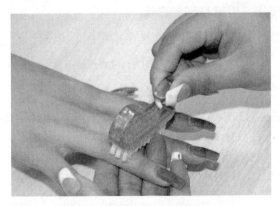

图4—1—37 除尘

（15）在指甲后缘处涂抹营养油（见图4—1—38）。

图4—1—38 涂抹营养油

（16）轻轻按摩后缘指皮（见图4—1—39）。

图4—1—39 按摩后缘指皮

（17）用抛光块（条）由粗到细对指甲表面进行抛光（见图4—1—40）。

图4—1—40　抛光

（18）用蘸有酒精的棉花或棉片清除指甲表面上的浮油，并用桔木棒制作棉签，蘸取酒精清洁指甲甲沟、甲壁、指皮后缘和指甲前缘下方的残留油渍。

（19）涂抹甲油前收费。

（20）再次给自己和顾客的双手消毒。

（21）涂抹一层亮油（见图4—1—41）。

图4—1—41　单色水晶甲效果图

（22）涂甲油的过程中如需清理，则用桔木棒制作棉签，蘸取洗甲水清理涂到指甲表面以外的甲油。

（23）把所有使用过的工具放入盛有消毒液的容器内浸泡消毒。

（24）清理工作台。

（25）建立顾客档案，预约下一次服务时间。

四、法式水晶甲的制作方法

1. 服务范围

法式水晶甲的制作，服务时间 150 min。

2. 本节用品

消毒液（浓度 41% 的福尔马林）、消毒液容器、毛巾、垫枕、浓度 75% 的酒精、棉花（片）、棉花容器、洗甲水、桔木棒、小镊子、指甲刀、180 号打磨砂条、粉尘刷、浸手碗、护理浸液、指皮软化剂、指皮推、V 形推叉、指皮剪、消毒干燥黏合剂、平稳托、纸托板、甲液杯、水晶甲液、水晶笔、白色水晶甲粉、透明水晶甲粉、C 弧定型器、洗笔水、营养油、抛光块（条）、亮油、一次性纸巾、废物袋。

3. 准备步骤

（1）消毒工作台。

（2）从消毒柜中取出干净的毛巾铺在工作台上，另卷起一块毛巾或用固定垫枕垫在毛巾下顾客的手腕处。

（3）准备好已消毒完毕的工具和用品。

（4）清洁自己和顾客的双手。

（5）总是从左手到右手，从每只手的小指开始工作。

（6）给顾客的双手做好自然指甲基本护理（从消毒至剪完双手指皮）。

4. 规范操作程序

（1）用 180 号打磨砂条轻轻在指甲表面刻磨出细小划痕，以增大黏合接触面积（见图 4—1—42）。

（2）用粉尘刷清除干净指甲表面和甲沟内的粉尘（见图 4—1—43）。

（3）在指甲表面涂第一遍消毒干燥黏合剂，让其完全干燥（见图 4—1—44）。

（4）给手指戴上纸托板，校正好形状（见图 4—1—45）。

（5）在甲液杯中倒入适量的水晶甲液，准备好水晶甲粉、水晶笔和擦笔的纸巾。

（6）在指甲表面涂第二遍消毒干燥黏合剂，趁其湿润的时候，开始涂抹水晶甲酯。

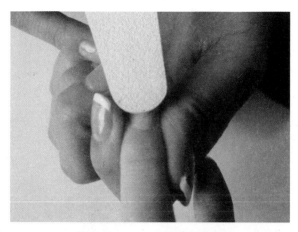

图 4—1—42　刻磨指甲表面

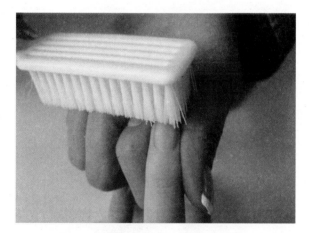

图 4—1—43　除尘

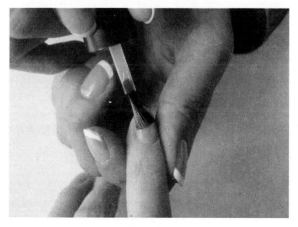

图 4—1—44　涂抹第一遍消毒干燥黏合剂

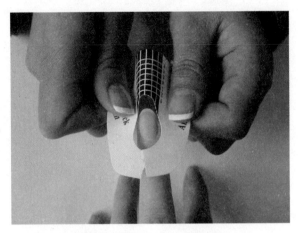

图4—1—45 戴上纸托板

（7）用水晶笔蘸取适量水晶甲液及白色水晶甲粉，将凝聚成球状的水晶甲酯放置在纸托板的指甲前缘部分（见图4—1—46）。

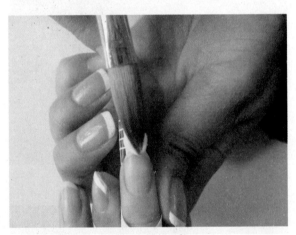

图4—1—46 放置白色水晶甲酯

（8）用笔身轻拍指甲前缘造型（见图4—1—47）。

（9）雕塑前缘微笑线（见图4—1—48）。

（10）用水晶笔将适量的透明水晶甲酯放置在指甲板前半部，用笔前端由指甲后缘向前缘方向轻拍抹平。注意与指甲前缘水晶甲酯的结合（见图4—1—49）。

（11）用水晶笔将适量的透明水晶甲酯放置在指甲板后半部，用笔前端由指甲后缘向前缘方向轻拍抹平。注意与指甲后缘应留有约0.8 mm距离（见图4—1—50）。

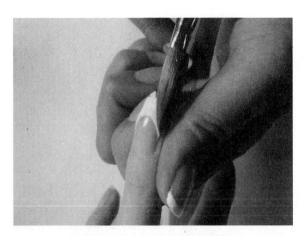

图 4—1—47　塑造指甲前缘

图 4—1—48　雕塑前缘微笑线

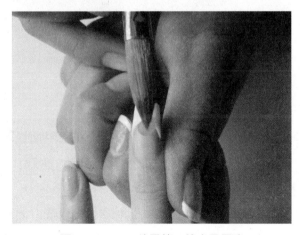

图 4—1—49　放置第二笔水晶甲酯

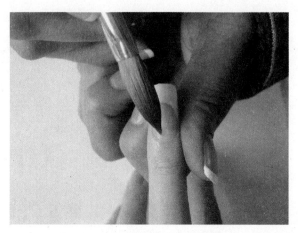

图4—1—50 放置第三笔水晶甲酯

（12）用水晶笔将适量的透明水晶甲酯放置在指甲板中间位置，注意甲液量要大，水晶甲酯要能够迅速流动，用笔前端迅速将水晶甲酯涂抹覆盖整个指甲表面（见图4—1—51）。

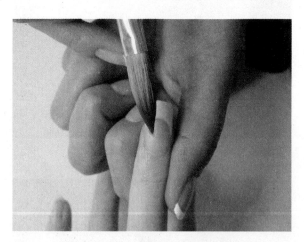

图4—1—51 放置第四笔水晶甲酯

（13）卸除纸托板。

（14）趁水晶甲酯未定型时，用左右手拇指放置在指甲前缘两侧轻轻相对挤压，制造C弧拱度，然后使用C弧定型器来塑造前缘形状。注意：应在一个指甲上完成后再进行下一个指甲。

（15）用洗笔水或水晶甲液清洗水晶笔，并用一次性纸巾擦干保存。

（16）用180号打磨砂条打磨整个指甲表面，修整形状（见图4—1—52）。

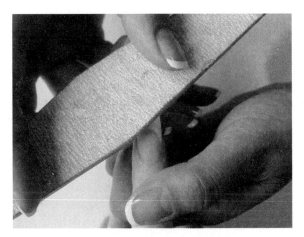

图4—1—52 打磨、修形

（17）用粉尘刷清除干净指甲表面和甲沟内的粉尘。

（18）在指甲后缘处涂抹营养油，轻轻按摩后缘指皮。

（19）用抛光块（条）由粗到细对指甲表面进行抛光（见图4—1—53）。

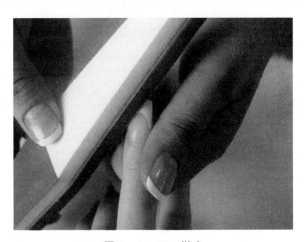

图4—1—53 抛光

（20）用蘸有酒精的棉花或棉片清除指甲表面上的浮油，并用桔木棒制作棉签，蘸取酒精清洁指甲甲沟、甲壁、指皮后缘和指甲前缘下方的残留油渍。

（21）涂抹甲油前收费。

（22）再次给自己和顾客的双手消毒。

（23）涂抹一层亮油（见图4—1—54）。

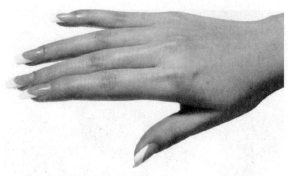

图 4—1—54　法式水晶甲效果图

（24）涂甲油的过程中如需清理，则用桔木棒制作棉签，蘸取洗甲水清理涂到指甲表面以外的甲油。

（25）把所有使用过的工具放入盛有消毒液的容器内浸泡消毒。

（26）清理工作台。

（27）建立顾客档案，预约下一次服务时间。

五、水晶指甲前缘出现裂缝的修补方法

1. 服务范围

修补水晶指甲前缘裂缝（见图 4—1—55），服务时间 30 min。

2. 本节用品

消毒液（浓度 41% 的福尔马林）、消毒液容器、毛巾、垫枕、浓度 75% 的酒精、棉花（片）、棉花容器、洗甲水、桔木棒、小镊子、180 号打磨砂条、粉尘刷、消毒干燥黏合剂、平稳托、纸托板、甲液杯、水晶甲液、水晶笔、水晶甲粉、洗笔水、营养油、抛光块（条）、亮油、一次性纸巾、废物袋。

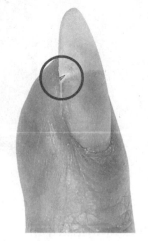

图 4—1—55　水晶甲前缘裂缝

3. 准备步骤

（1）消毒工作台。

（2）从消毒柜中取出干净的毛巾铺在工作台上，另卷起一块毛巾或用固定垫枕垫在毛巾下顾客的手腕处。

（3）准备好已消毒完毕的工具和用品。

（4）清洁自己和顾客的双手。

（5）总是从左手到右手，从每只手的小指开始工作。

（6）给顾客的双手做好自然指甲基本护理（从消毒至去除双手甲油完毕）。

4. 规范操作程序

（1）用打磨机加宽裂缝。或用100号打磨砂条在前缘裂缝处打磨出一个V形凹陷（见图4—1—56）。

（2）用180号打磨砂条打磨整个水晶指甲表面，将原有水晶甲体打磨掉一层（见图4—1—57）。

图4—1—56　加宽裂缝　　　　　　　图4—1—57　打磨掉一层

（3）用粉尘刷清除干净指甲表面和甲沟内的粉尘。

（4）在甲液杯中倒入适量的水晶甲液，准备好水晶甲粉、水晶笔和擦笔的纸巾。

（5）在指甲表面涂一层消毒干燥黏合剂，趁其湿润的时候，开始涂抹水晶甲酯。

（6）用水晶笔将原有甲体颜色的水晶甲酯涂抹在裂缝处，轻拍抹平（见图4—1—58）。

（7）用水晶笔将原有甲体颜色的水晶甲酯涂抹整个指甲表面，由指甲后缘向前缘方向轻拍抹平。

（8）挤压前缘，塑造好C弧形状。

（9）用180号打磨砂条打磨新做成的水晶指甲，修整形状。

（10）用粉尘刷清除干净指甲表面和甲沟内的粉尘。

（11）在指甲后缘处涂抹营养油，轻轻按摩后缘指皮。

图4—1—58 涂抹平

（12）用抛光块（条）由粗到细对指甲表面进行抛光（见图4—1—59）。

（13）用蘸有酒精的棉花或棉片清除指甲表面上的浮油，并用桔木棒制作棉签，蘸取酒精清洁指甲甲沟、甲壁、指皮后缘和指甲前缘下方的残留油渍。

（14）涂抹甲油前收费。

（15）再次给自己和顾客的双手消毒。

（16）涂抹一层亮油（见图4—1—60）。

图4—1—59 抛光甲面　　　　图4—1—60 涂抹亮油

（17）涂甲油的过程中如需清理，则用桔木棒制作棉签，蘸取洗甲水清理涂到指甲表面以外的甲油。

（18）把所有使用过的工具放入盛有消毒液的容器内浸泡消毒。

（19）清理工作台。

（20）建立顾客档案，预约下一次服务时间。

六、水晶指甲前缘出现破损、断裂时的修补方法

1. 服务范围

修补水晶指甲前缘的破损、断裂，服务时间 30 min。

2. 本节用品

消毒液（浓度 41% 的福尔马林）、消毒液容器、毛巾、垫枕、浓度 75% 的酒精、棉花（片）、棉花容器、洗甲水、桔木棒、小镊子、水晶钳、180 号打磨砂条、粉尘刷、纸托板、甲液杯、平稳托、消毒干燥黏合剂、水晶笔、水晶甲粉、水晶甲液、C 弧定型器、洗笔水、营养油、抛光块（条）、亮油、一次性纸巾、废物袋。

3. 准备步骤

（1）消毒工作台。

（2）从消毒柜中取出干净的毛巾铺在工作台上，另卷起一块毛巾或用固定垫枕垫在毛巾下顾客的手腕处。

（3）准备好已消毒完毕的工具和用品。

（4）清洁自己和顾客的双手。

（5）总是从左手到右手，从每只手的小指开始工作。

（6）给顾客的双手做好自然指甲基本护理（从消毒至去除双手甲油完毕）。

4. 规范操作程序

（1）用水晶钳将破损的水晶甲体剪断至自然指甲前缘处。

（2）用 100 号打磨砂条以 30 度角打磨指甲前缘处直至与自然指甲形成斜面。

（3）用 180 号打磨砂条打磨整个水晶指甲表面，将原有水晶甲体打磨掉一层。

（4）用粉尘刷清除干净指甲表面和甲沟内的粉尘。

（5）戴上纸托板，校正好形状。

（6）在甲液杯中倒入适量的水晶甲液，准备好水晶甲粉、水晶笔和擦笔的纸巾。

（7）在指甲表面涂一层消毒干燥黏合剂，趁其湿润的时候，开始涂抹水晶甲酯。

（8）用水晶笔将原有甲体颜色的水晶甲酯放置在指甲前缘部分，轻拍出造型。

（9）用水晶笔将原有甲体颜色的水晶甲酯涂抹整个指甲表面，用笔前端由指甲后缘向前缘方向轻拍抹平。

（10）挤压前缘，塑造好 C 弧形状。

（11）卸除纸托板。

（12）用 180 号打磨砂条打磨新做成的水晶指甲，修整形状。

（13）用粉尘刷清除干净指甲表面和甲沟内的粉尘。

（14）在指甲后缘处涂抹营养油，轻轻按摩后缘指皮。

（15）用抛光块（条）由粗到细对指甲表面进行抛光。

（16）用蘸有酒精的棉花或棉片清除指甲表面上的浮油，并用桔木棒制作棉签，蘸取酒精清洁指甲甲沟、甲壁、指皮后缘和指甲前缘下方的残留油渍。

（17）涂抹甲油前收费。

（18）再次给自己和顾客的双手消毒。

（19）涂抹两层彩色甲油或一层亮油。

（20）涂甲油的过程中如需清理，则用桔木棒制作棉签，蘸取洗甲水清理涂到指甲表面以外的甲油。

（21）把所有使用过的工具放入盛有消毒液的容器内浸泡消毒。

（22）清理工作台。

（23）建立顾客档案，预约下一次服务时间。

七、水晶指甲后缘的修补方法

1. 服务范围

修补水晶指甲后缘，服务时间 60 min。

2. 本节用品

消毒液（浓度 41% 的福尔马林）、消毒液容器、毛巾、垫枕、浓度 75% 的酒精、棉花（片）、棉花容器、洗甲水、桔木棒、小镊子、浸手碗、护理浸液、指皮软化剂、指皮推、V 形推叉、指皮剪、水晶钳、180 号打磨砂条、粉尘刷、甲液杯、平稳托、消毒干燥黏合剂、水晶笔、水晶甲粉、水晶甲液、洗笔水、营养油、抛光块（条）、亮油、一次性纸巾、废物袋。

3. 准备步骤

（1）消毒工作台。

（2）从消毒柜中取出干净的毛巾铺在工作台上，另卷起一块毛巾或用固定垫枕垫在毛巾下顾客的手腕处。

（3）准备好已消毒完毕的工具和用品。

（4）清洁自己和顾客的双手。

（5）总是从左手到右手，从每只手的小指开始工作。

（6）给顾客的双手做好自然指甲基本护理（从消毒至剪完双手指皮）。

4. 规范操作程序

（1）用水晶钳剪掉指甲后缘处松动的水晶指甲（如果没有松动，可以不剪）。

（2）用180号打磨砂条打磨已经远离指甲后缘的水晶甲体与自然指甲的连接处。

（3）用180号打磨砂条打磨整个水晶指甲表面，将原有水晶甲体打磨掉一层。

（4）用180号打磨砂条轻轻在新长出来的自然指甲表面刻磨出细小划痕，以增大黏合接触面积。

（5）用粉尘刷清除干净指甲表面和甲沟内的粉尘。

（6）在新长出来的自然指甲表面和原水晶指甲交界处涂一遍消毒干燥黏合剂，使其完全干燥（注意P剂在自然指甲上会干燥，在水晶指甲表面不会）。

（7）在甲液杯中倒入适量的水晶甲液，准备好水晶甲粉、水晶笔和擦笔的纸巾。

（8）在指甲表面涂第二遍消毒干燥黏合剂，趁其湿润的时候，开始涂抹水晶甲酯。

（9）用水晶笔将原有甲体颜色的水晶甲酯放置在自然指甲后缘甲板处，由指甲后缘向前缘方向均匀涂平，与原有水晶指甲融为一体。注意与指甲后缘应留有约0.8 mm距离。

（10）用水晶笔将原有甲体颜色的水晶甲酯涂抹整个指甲表面，由指甲后缘向前缘方向轻拍抹平。

（11）用180号打磨砂条打磨新做成的水晶指甲表面，修整形状。

（12）用粉尘刷清除干净指甲表面和甲沟内的粉尘。

（13）在指甲后缘处涂抹营养油，轻轻按摩后缘指皮。

（14）用抛光块（条）由粗到细对指甲表面进行抛光。

（15）用蘸有酒精的棉花或棉片清除指甲表面上的浮油，并用桔木棒制作棉签，蘸取酒精清洁指甲甲沟、甲壁、指皮后缘和指甲前缘下方的残留油渍。

（16）涂抹甲油前收费。

（17）再次给自己和顾客的双手消毒。

（18）涂抹两层彩色甲油或一层亮油。

（19）涂甲油的过程中如需清理，则用桔木棒制作棉签，蘸取洗甲水清理涂到指甲表面以外的甲油。

（20）把所有使用过的工具放入盛有消毒液的容器内浸泡消毒。

（21）清理工作台。

（22）建立顾客档案，预约下一次服务时间。

八、卸甲机卸除水晶甲的方法

1. 服务范围

卸甲机卸除水晶甲，服务时间 20 min。

2. 本节用品

消毒液（浓度41%的福尔马林）、消毒液容器、毛巾、垫枕、卸甲机、卸甲液、浓度75%的酒精、水晶钳、营养油、一次性纸巾、废物袋。

3. 准备步骤

（1）消毒工作台。

（2）从消毒柜中取出干净的毛巾铺在工作台上，另卷起一块毛巾或用固定垫枕垫在毛巾下顾客的手腕处。

（3）准备好已消毒完毕的工具和用品。

（4）将卸甲液倒入超声波卸甲机，接通卸甲机的电源待用。

（5）清洁自己和顾客的双手。

（6）总是从左手到右手，从每只手的小指开始工作。

4. 规范操作程序

（1）用浓度75%的酒精给自己和顾客的双手消毒。

（2）用水晶钳将所有的水晶指甲剪短至自然指甲前缘处。

（3）在顾客双手手指除指甲板以外的地方涂上营养油。

（4）请顾客把双手手指放入卸甲机里的卸甲液中，打开开关浸泡 6~8 min。

（5）移出双手，清洗干净。

（6）收费。

（7）再次用浓度 75% 的酒精给自己和顾客的双手消毒。

（8）进行其他项目的服务。

九、锡纸包扎卸除水晶指甲的方法

1. 服务范围

锡纸包扎卸除水晶甲，服务时间 50 min。

2. 本节用品

消毒液（浓度 41% 的福尔马林）、消毒液容器、毛巾、垫枕、锡纸、棉花（片）、棉花容器、小剪刀、浓度 75% 的酒精、水晶钳、营养油、小镊子、卸甲液、指皮推、桔木棒、一次性纸巾、废物袋。

3. 准备步骤

（1）消毒工作台。

（2）从消毒柜中取出干净的毛巾铺在工作台上，另卷起一块毛巾或用固定垫枕垫在毛巾下顾客的手腕处。

（3）准备好已消毒完毕的工具和用品。

（4）裁剪 10 片合适大小的锡纸待用。

（5）裁剪 10 片指甲板大小的棉花片待用。

（6）清洁自己和顾客的双手。

（7）总是从左手到右手，从每只手的小指开始工作。

4. 规范操作程序

（1）用浓度 75% 的酒精给自己和顾客的双手消毒。

（2）用水晶钳将所有的水晶指甲剪短至自然指甲前缘处。

（3）在顾客双手手指除指甲板以外的地方涂上营养油。

（4）用小镊子夹起棉花片，浸满卸甲液后依次贴敷在十个手指的指甲板上。

（5）将手指包上锡纸，裹紧十个指甲 25~30 min。

（6）去除锡纸。

（7）用指皮推或桔木棒刮除膨胀、发软的水晶甲酯。步骤（6）~（7）应在一个指甲上完成后再进行下一个指甲。

（8）清洗双手。

（9）收费。

（10）再次用浓度75%的酒精给自己和顾客的双手消毒。

（11）进行其他项目的服务。

注意事项

1. 消毒干燥黏合剂的流动性很强，涂抹时，手指必须向下垂，刷子浸取消毒干燥黏合剂后，应在瓶中转动，直至没有滴液向下流动时，才可以涂抹在指甲表面。

2. 消毒干燥黏合剂是甲基丙烯酸酯和有机酸的合成物，挥发性很强，有轻微毒性，必须用避光瓶存放，操作时，瓶口要随时旋紧，防止挥发、失效和影响身体健康。一瓶1/2盎司容量的消毒干燥黏合剂可以涂抹大约1 000个指甲。

3. 不要剪没有松动的水晶甲。把水晶钳的尖端硬塞入水晶指甲会造成它的松动。但如果硬把水晶指甲撬下来，会损伤自然指甲。

4. 水晶甲戴一段时间后要通过浸泡去除，通常水晶指甲在戴到3 ~ 6个月后，由于冷、热水浸泡或接触洗涤剂、化学药品，以及每日的磨损会逐渐老化，往往表现为发脆、起翘、褪色。如果发现这种情况，请顾客在预约服务的时间内再增加20 min，用来去掉老化的指甲。这样在规定的时间内，顾客的双手会拥有一套全新的水晶指甲。

5. 脚部的水晶甲只能使用锡纸包扎的方法卸除。

第2节　制作凝胶指甲

学习目标

1. 能够使用不同的填充物，利用凝胶（专用胶水）和催化剂（速干剂）制作光效凝胶甲、丝绸甲、玻璃纤维甲、纸甲、自然凝胶甲、粉胶甲。

2. 能够修补和卸除各种凝胶指甲。

相关知识

一、各类凝胶指甲的特性、使用和储存方法

凝胶是一种十分黏稠的胶体。自然凝胶甲是有别于光效凝胶甲的，主要在于光效凝胶甲需要经过 UV 灯的照射才可以成型，而自然凝胶甲只使用速干剂即可。其速干剂可以涂抹，也可以喷洒到指甲上，可以说自然凝胶甲是所有人造指甲多种做法中最简单的一种。不过，自然凝胶不如水晶甲酯及丝绸甲、尼龙甲坚固，因此它适用于自然指甲的修补或拥有坚固的自然指甲的顾客。

丝绸是透明的，但是它坚固耐久。由于丝绸中纵横交错的经纬线，使得指甲表面的无色或有色的指甲油不易脱落，而且对指甲也起到一定的加固作用。不过，丝绸的牢固强度还不足以承受较长的指甲前缘。千百年来人们一直对丝绸称誉有加，把丝绸看作是富贵的象征，丝绸甲会使顾客显得雍容华贵，自信倍增。

玻璃纤维是一种比较坚固的物质。玻璃纤维甲的与众不同之处在于填补胶和速干剂的使用。填补胶比较黏稠，与速干剂混合会发生固化作用，因此，单独使用填补胶和速干剂也可以制作指甲。同时，玻璃纤维与上述两种胶一起使用，会使指甲更加坚固。

纸甲用于自然指甲的快速修补和加固的部分，但是纸甲的牢固程度还不足以来承担长的指甲前缘或指甲贴片。使用纸甲的通常是那些自然指甲很健康的顾客，因为他们的指甲只需略微加固即可。与贴片指甲、丝绸甲和尼龙甲不同的是，纸甲无须修补和专门的保养，因为纸甲能够被洗甲水洗去，所以每次必须重新做。

丝绸、玻璃纤维和纸在常温下就可以储藏，不需要特殊的储藏方法。凝胶要常温、避光保存。

二、速干剂

1. 涂抹型

用专门的刷子涂抹。注意：把刷子放进瓶子之前要把刷子在纸巾上擦干。涂抹型速干剂会在 20 s 内成型。

2. 喷洒型

距离指甲 15～20 cm 处喷洒。注意若距离太近喷洒会不均匀，速干剂会在 20 s 内成型。喷洒型速干剂由于其内部的化学成分在喷洒过程中的放热反应，会使顾客的指甲略微灼热，这时可以用温水冲洗。

工作程序

一、光效凝胶甲的制作

1. 服务范围

法式贴片光效凝胶甲操作步骤。

2. 准备步骤

（1）清洁自己的双手。

（2）消毒工作台。

（3）取出干净的毛巾铺在工作台上。

（4）准备好已消毒完毕的工具和用品（见图 4—2—1 和图 4—2—2）。

图 4—2—1　工具

图 4—2—2　用品

3. 规范操作程序

（1）清洁顾客的双手。棉片蘸取消毒水清洁顾客的手背、手心、指缝（见图4—2—3）。

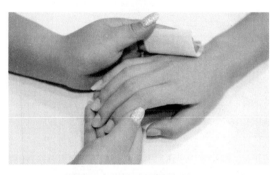

图4—2—3　清洁顾客的双手

（2）用180号砂条修整甲形（见图4—2—4）。

图4—2—4　修整甲形

（3）使用100号砂条刻磨真甲甲面，并进行清洁。注意：纵向刻磨，力度适中，刻磨要到位（见图4—2—5）。

图4—2—5　刻磨甲面

（4）选修甲片，选择略小于或等于指甲宽度的甲片（见图4—2—6）。

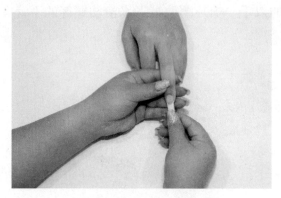

图4—2—6　选修甲片

（5）涂抹胶水，注意胶量适中（见图4—2—7）。

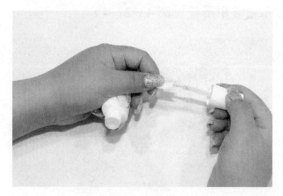

图4—2—7　涂抹胶水

（6）粘贴甲片（见图4—2—8）。

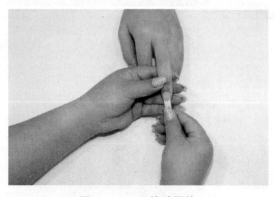

图4—2—8　粘贴甲片

（7）一字剪修剪甲片前缘长度。注意一字剪与甲片垂直（见图4—2—9）。

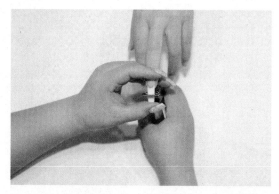

图4—2—9 修剪甲片前缘

（8）用100号砂条修整甲片形状（见图4—2—10）。

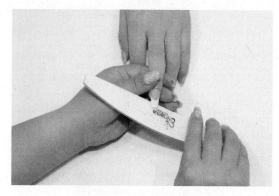

图4—2—10 修整甲片

（9）上结合剂，照灯30 s（见图4—2—11）。

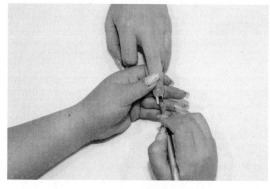

图4—2—11 上结合剂

（10）可卸凝胶分3次覆盖整个指甲表面，并塑造完美甲形，照灯2 min（见图4—2—12）。

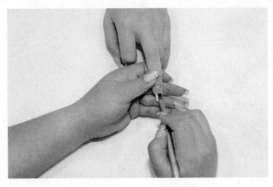

图4—2—12 塑型

（11）清洁，用100号砂条打磨完美甲形（见图4—2—13）。

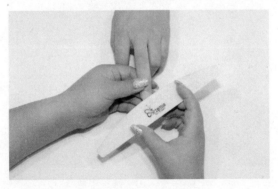

图4—2—13 打磨

（12）用240号专业双面锉抛磨甲面，并进行清洁（见图4—2—14）。

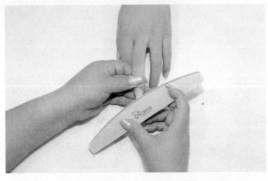

图4—2—14 抛磨甲面

（13）上封层胶两遍，第一遍照灯 1 min（见图 4—2—15）。

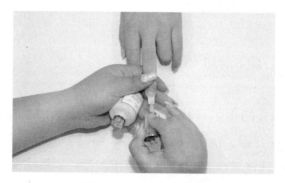

图 4—2—15　上封层胶

（14）第二遍照灯 1 min（见图 4—2—16）。

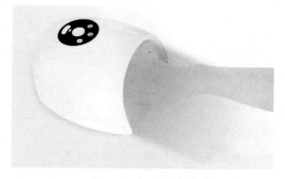

图 4—2—16　照灯

（15）完成图（见图 4—2—17）。

图 4—2—17　完成图

美甲师
（中级）

二、全贴丝绸甲的制作方法

1. 服务范围

全贴丝绸甲制作，服务时间 90 min。

2. 本节用品

消毒液（浓度 41% 的福尔马林）、消毒液容器、毛巾、垫枕、浓度 75% 的酒精、棉花（片）、棉花容器、洗甲水、桔木棒、小镊子、指甲刀、180 号打磨砂条、粉尘刷、浸手碗、护理浸液、指皮软化剂、指皮推、V 形推叉、指皮剪、小剪刀、丝绸条、塑料压膜纸、专用胶水、营养油、抛光块（条）、亮油、一次性纸巾、废物袋。

3. 准备步骤

（1）消毒工作台。

（2）从消毒柜中取出干净的毛巾铺在工作台上，另卷起一块毛巾或用固定垫枕垫在毛巾下顾客的手腕处。

（3）准备好已消毒完毕的工具和用品。

（4）清洁自己和顾客的双手。

（5）总是从左手到右手，从每只手的小指开始工作。

（6）给顾客的双手做好自然指甲基本护理（从消毒至剪完双手指皮）。

4. 规范操作程序

（1）用 180 号打磨砂条轻轻在指甲表面刻磨出细小划痕，以增大黏合接触面积。

（2）用粉尘刷清除干净指甲表面和甲沟内的粉尘。

（3）在指甲表面涂一层专用胶水，使其干燥。

（4）选择 10 个宽度与顾客指甲宽度相适合的丝绸条，裁剪其长度应大于顾客的指甲长度。

（5）对应顾客 10 个指甲后缘形状，将丝绸条后端弧度修剪成指甲后缘的形状。

（6）在指甲板的中心滴一滴专用胶水，在胶水未干之前贴丝绸。

（7）撕下丝绸条的不干胶贴纸，用小镊子捏着丝绸条的前端把它竖贴在指甲表面，与指甲后缘、甲沟两侧保留 0.8 mm 的距离。

（8）用塑料压膜纸，把丝绸贴紧在指甲表面，完全挤压出气泡。步骤（6）~（8）应在一个指甲上完成后再进行下一个指甲。

（9）剪去指甲前缘长出来的丝绸，为了防止剥落，应留下 1/8 英寸（3 mm）的丝绸延伸出指甲前缘。

（10）在贴好的丝绸表面均匀地涂抹一层专用胶水。

（11）如需清理，应立刻用桔木棒刮除溢出的胶水。

（12）用塑料压膜纸再次压紧指甲表面和指甲前缘，完全挤压出气泡，防止剥落。步骤（10）~（12）应在一个指甲上完成后再进行下一个指甲。

（13）用 180 号打磨砂条轻柔打磨指甲。顺序为左、右、前、后、表面，打磨指甲前缘时应斜着磨去指甲前缘处多余的丝绸。

（14）用粉尘刷清除干净指甲表面和甲沟内的粉尘。

（15）在指甲后缘处涂抹营养油，轻轻按摩后缘指皮。

（16）用抛光块（条）由粗到细对指甲表面进行抛光。

（17）用蘸有酒精的棉花或棉片清除指甲表面上的浮油，并用桔木棒制作棉签，蘸取酒精清洁指甲甲沟、甲壁、指皮后缘和指甲前缘下方的残留油渍。

（18）涂抹甲油前收费。

（19）再次给自己和顾客的双手消毒。

（20）涂抹一层亮油。

（21）涂甲油的过程中如需清理，则用桔木棒制作棉签，蘸取洗甲水清理涂到指甲表面以外的甲油。

（22）把所有使用过的工具放入盛有消毒液的容器内浸泡消毒。

（23）清理工作台。

（24）建立顾客档案，预约下一次服务时间。

三、半贴贴片丝绸凝胶甲的制作方法

1. 服务项目

半贴贴片丝绸甲制作，服务时间 120 min。

2. 本节用品

消毒液（浓度 41% 的福尔马林）、消毒液容器、毛巾、垫枕、浓度 75% 的酒精、棉花（片）、棉花容器、洗甲水、桔木棒、小镊子、指甲刀、180号打磨砂条、粉尘刷、浸手碗、护理浸液、指皮软化剂、指皮推、V形推叉、指皮剪、半贴贴片、贴片胶、U形剪、小剪刀、丝绸条、塑料压膜纸、专用胶水、挤式凝胶、刷式凝胶、速干剂、营养油、抛光块（条）、亮油、一次性纸巾、废物袋。

3. 准备步骤

（1）消毒工作台。

（2）从消毒柜中取出干净的毛巾铺在工作台上，另卷起一块毛巾或用固定垫枕垫在毛巾下顾客的手腕处。

（3）准备好已消毒完毕的工具和用品。

（4）清洁自己和顾客的双手。

（5）总是从左手到右手，从每只手的小指开始工作。

（6）给顾客的双手做好自然指甲基本护理（从消毒至剪完双手指皮）。

（7）给顾客的双手贴好半贴贴片（从刻磨自然指甲表面至去除贴片接痕，打磨贴片表面光滑并除尘完毕）。

4. 规范操作程序

（1）选择好窄条的丝绸（见图4—2—18）。

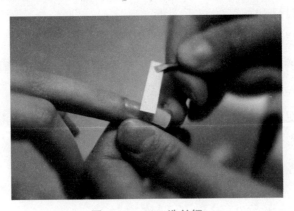

图4—2—18 选丝绸

（2）撕下丝绸条的不干胶贴纸，用小镊子捏着丝绸条，将丝绸条横贴在自然指甲与贴片连接处（见图4—2—19）。

（3）剪去长出来的多余丝绸，距离甲沟约0.8 mm的距离（见图4—2—20）。

（4）在贴好的丝绸表面均匀地涂抹一层专用胶水（见图4—2—21）。

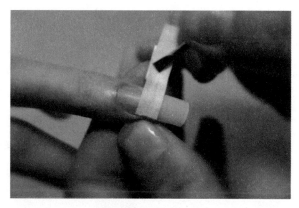

图 4—2—19 贴丝绸

图 4—2—20 剪丝绸

图 4—2—21 涂抹专用胶水

（5）在距离指甲表面 25~30 cm 处喷速干剂，使其干燥（见图 4—2—22）。

（6）用塑料压膜纸，把丝绸贴紧在指甲表面，完全挤压出气泡（见图 4—2—23）。

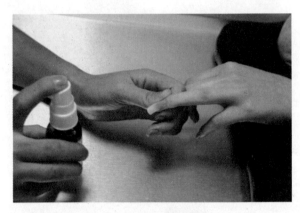

图4—2—22 喷洒速干剂

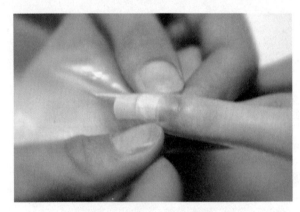

图4—2—23 挤出气泡

步骤（4）~（6）应在一个指甲上完成后再进行下一个指甲。

（7）选择10个宽度与顾客指甲宽度相适合的丝绸条，裁剪其长度应大于顾客的指甲长度。

（8）对应顾客10个指甲后缘形状，将丝绸条后端弧度修剪成指甲后缘的形状。

（9）撕下丝绸条的不干胶贴纸，用小镊子捏着丝绸条的前端把它竖贴在指甲表面，与指甲后缘、甲沟两侧保留0.8 mm的距离。

（10）在贴好的丝绸表面均匀地涂抹一层专用胶水。

（11）如需清理，应立刻用桔木棒刮除溢出的胶水。

（12）用塑料压膜纸，把丝绸贴紧在指甲表面和指甲前缘，完全挤压出气泡防止剥落。

（13）在指甲板的中间位置挤上一滴挤式凝胶，并用小刷子蘸刷式凝胶涂满整个指甲表面。

（14）在距离指甲表面25~30 cm处喷速干剂，使其干燥。步骤（10）~（14）应在一个指甲上完成后再进行下一个指甲。

（15）用180号打磨砂条轻柔打磨指甲。顺序为左、右、前、后、表面，打磨指甲前缘时应斜着磨去指甲前缘处多余的丝绸。

（16）用粉尘刷清除干净指甲表面和甲沟内的粉尘。

（17）在指甲表面重复步骤（15）~（16）。

（18）在指甲后缘处涂抹营养油，轻轻按摩后缘指皮。

（19）用抛光块（条）由粗到细对指甲表面进行抛光。

（20）用蘸有酒精的棉花或棉片清除指甲表面上的浮油，并用桔木棒制作棉签，蘸取酒精清洁指甲甲沟、甲壁、指皮后缘和指甲前缘下方的残留油渍。

（21）涂抹甲油前收费。

（22）再次给自己和顾客的双手消毒。

（23）涂抹一层亮油。

（24）涂甲油的过程中如需清理，则用桔木棒制作棉签，蘸取洗甲水清理涂到指甲表面以外的甲油。

（25）把所有使用过的工具放入盛有消毒液的容器内浸泡消毒。

（26）清理工作台。

（27）建立顾客档案，预约下一次服务时间。

四、自然凝胶甲的制作方法

1. 服务范围

自然凝胶甲制作，服务时间60 min。

2. 本节用品

消毒液（浓度41%的福尔马林）、消毒液容器、毛巾、垫枕、浓度75%的酒精、棉花（片）、棉花容器、洗甲水、桔木棒、小镊子、指甲刀、180号打磨砂条、粉尘刷、浸手碗、护理浸液、指皮软化剂、指皮推、V形推叉、指皮剪、清洁剂、自然凝胶、凝胶笔、速干剂、营养油、抛光块（条）、亮油、一次性纸巾、废物袋。

3. 准备步骤

（1）消毒工作台。

（2）从消毒柜中取出干净的毛巾铺在工作台上，另卷起一块毛巾或用固定垫枕垫在毛巾下顾客的手腕处。

（3）准备好已消毒完毕的工具和用品。

（4）清洁自己和顾客的双手。

（5）总是从左手到右手，从每只手的小指开始工作。

（6）给顾客的双手做好自然指甲基本护理（从消毒至剪完双手指皮）。

4. 规范操作程序

（1）用180号打磨砂条轻轻在指甲表面刻磨出细小划痕，以增大黏合接触面积。

（2）用粉尘刷清除干净指甲表面和甲沟内的粉尘。

（3）如果需要，可以在此时给指甲贴贴片。

（4）在指甲表面涂一层清洁剂，使其干燥。

（5）用凝胶笔在指甲表面涂一层自然凝胶，距指甲后缘、甲沟两侧 0.8 mm 的距离。

（6）如需清理，应立刻用桔木棒刮除溢出的凝胶。

（7）涂抹一层速干剂或在距离指甲表面 25～30 cm 处喷洒一层速干剂。步骤（5）～（7）应在一个指甲上完成后再进行下一个指甲。

（8）用180号打磨砂条打磨指甲表面，修整形状。

（9）用粉尘刷清除干净指甲表面和甲沟内的粉尘。

（10）在指甲后缘处涂抹营养油，轻轻按摩后缘指皮。

（11）用抛光块（条）由粗到细对指甲表面进行抛光。

（12）用蘸有酒精的棉花或棉片清除指甲表面上的浮油，并用桔木棒制作棉签，蘸取酒精清洁指甲甲沟、甲壁、指皮后缘和指甲前缘下方的残留油渍。

（13）涂抹甲油前收费。

（14）再次给自己和顾客的双手消毒。

（15）涂抹一层亮油。

（16）涂甲油的过程中如需清理，则用桔木棒制作棉签，蘸取洗甲水清理涂到指甲表面以外的甲油。

（17）把所有使用过的工具放入盛有消毒液的容器内浸泡消毒。

（18）清理工作台。

（19）建立顾客档案，预约下一次服务时间。

五、粉胶甲的制作方法

粉胶甲是结合了水晶甲和自然凝胶甲制作优点的一种新型指甲制作技术。粉胶甲弥补了自然凝胶甲不够坚硬的弱点。它的制作方法简单易学，可缩短工作时间，提高工作效率。粉胶甲的制作没有水晶指甲制作时的气味，也不需要光效凝胶甲的灯光照射设备。更能迎合顾客的需求，特别适合在美容院、指甲沙龙中使用。

1. 服务范围

粉胶甲制作，服务时间 40 min。

2. 本节用品

消毒液（浓度41%的福尔马林）、消毒液容器、毛巾、垫枕、浓度75%的酒精、棉花（片）、棉花容器、洗甲水、桔木棒、小镊子、指甲刀、180号打磨砂条、粉尘刷、浸手碗、护理浸液、指皮软化剂、指皮推、V形推叉、指皮剪、法式浅贴贴片、专用胶水、表面清洁剂、小勺子、水晶甲粉、速干剂、营养油、抛光块（条）、亮油、一次性纸巾、废物袋。

3. 准备步骤

（1）消毒工作台。

（2）从消毒柜中取出干净的毛巾铺在工作台上，另卷起一块毛巾或用固定垫枕垫在毛巾下顾客的手腕处。

（3）准备好已消毒完毕的工具和用品。

（4）清洁自己和顾客的双手。

（5）总是从左手到右手，从每只手的小指开始工作。

（6）给顾客的双手做好自然指甲基本护理（从消毒至剪完双手指皮）。

4. 规范操作程序

（1）用180号打磨砂条轻轻在指甲表面刻磨出细小划痕，以增大黏合接触面积（见图4—2—24）。

图 4—2—24 刻磨

（2）用粉尘刷清除干净指甲表面和甲沟内的粉尘，如图 4—2—25 所示。

图 4—2—25 除尘

（3）如果需要，可以在此时给指甲贴上贴片或是戴上纸托板。

（4）在指甲表面涂一层表面清洁剂，使其干燥（见图 4—2—26）。

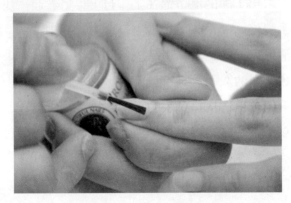

图 4—2—26 涂抹表面清洁剂

（5）在指甲表面涂一层专用胶水，距指甲后缘、甲沟两侧约 0.8 mm（见图 4—2—27）。

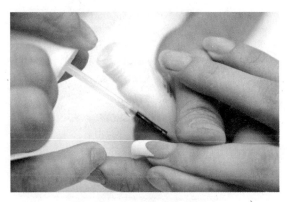

图 4—2—27　涂抹专用胶水

（6）如需清理，应立刻用桔木棒刮除溢出的胶水。

（7）趁胶水未干时，用小勺将水晶甲粉均匀地铺撒在指甲表面（见图 4—2—28）。

图 4—2—28　撒水晶粉

（8）用粉尘刷轻扫指甲表面多余的水晶甲粉（见图 4—2—29）。

（9）在指甲表面再涂一层专用胶水（见图 4—2—30）。

（10）在距离指甲表面 20～30 cm 处喷速干剂（见图 4—2—31）。步骤（5）～（10）应在一个指甲上完成后再进行下一个指甲。

（11）用 180 号打磨砂条打磨指甲表面，修整形状。

（12）用粉尘刷清除干净指甲表面和甲沟内的粉尘。

图4—2—29 清扫多余甲粉

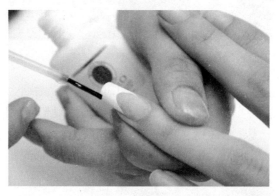

图4—2—30 涂抹第二遍专用胶水

图4—2—31 喷洒速干剂

（13）在指甲后缘处涂抹营养油，轻轻按摩后缘指皮（见图4—2—32）。

（14）用抛光块（条）由粗到细对指甲表面进行抛光（见图4—2—33）。

（15）用蘸有酒精的棉花或棉片清除指甲表面上的浮油，并用桔木棒制作棉签，蘸取酒精清洁指甲甲沟、甲壁、指皮后缘和指甲前缘下方的残留油渍。

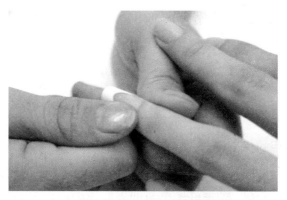

图 4—2—32 按摩后缘指皮

图 4—2—33 抛光

（16）涂抹甲油前收费。

（17）再次给自己和顾客的双手消毒。

（18）涂抹一层亮油（见图 4—2—34）。

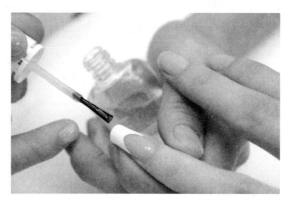

图 4—2—34 涂抹一层亮油

（19）涂甲油的过程中如需清理，则用桔木棒制作棉签，蘸取洗甲水清理涂到指甲表面以外的甲油。

（20）把所有使用过的工具放入盛有消毒液的容器内浸泡消毒。

（21）清理工作台。

（22）建立顾客档案，预约下一次服务时间。

5. 各类凝胶指甲的保养与修补

丝绸甲、玻璃纤维甲、纸甲、自然凝胶甲、粉胶甲的修补方法和水晶甲的修补方法相同。具体是丝绸甲、玻璃纤维甲每两周需要做一次保养和填补，大约4次填补后，必须将其除去，因为贴了几层后，指甲会显得过厚。纸甲不需要保养，直接卸除即可。

6. 各类凝胶指甲的卸除方法

在指甲不断生长及使用的过程中，指甲表面覆盖的材料会不断地老化破损，经过一到两个月的时间后，凝胶指甲就可以进行拆卸并制作新的凝胶指甲了。凝胶指甲的卸除方法和贴片甲、水晶甲的卸除方法操作程序相同，这里就不再详细讲解。

注意事项

1. 玻璃纤维甲、纸甲和丝绸甲的制作方法

三种指甲的制作方法是一样的，区别是所选用的材料不同。不管是丝绸、玻璃纤维和纸，如果所选用材料的背面不带不干胶，那么在贴这些材料之前应该在指甲上涂抹两层专用胶水，第一层让其完全干燥，第二层在还湿润的时候开始粘贴。

2. 丝绸甲、玻璃纤维甲、纸甲使用中常见的问题以及预防措施

（1）起翘原因

1）自然指甲表面没有清洁。

2）刻磨不到位。

3）贴片胶涂得距离指皮太近。

4）在贴丝绸之前没有涂第一层专用胶水，并且没有让其干透。

5）贴片胶涂得太厚。

6）打磨过多，或者是打磨不符合要求。

7）用了含有丙酮的洗甲水。

8）试图把松动的丝绸甲重新粘贴好。

9）填补或修补的时间间隔太长。

10）材料层太多。

11）专用胶水使用时间过长，黏性下降。

（2）断裂原因

1）指甲太长。

2）打磨过多，或者是打磨不符合要求。

3）贴片胶涂得不够。

4）填补或修补的时间间隔太长。

（3）剥落原因及预防措施

1）没有用专用胶水封口。

2）切勿把材料贴得距离指皮太近。

3）一定要使用不含丙酮的洗甲水。

4）为了防止专用胶水瓶口凝固堵塞，一定要把专用胶水瓶直立，切勿倒放。

5）为了防止压膜时塑料纸贴在指甲上，请勿重复使用。

6）把凝胶清洗剂放置在手边，以防专用胶水弄到皮肤上时及时处理。如果专用胶水进入眼睛或嘴里，应立即去看医生。

3. 粉胶甲制作过程中的技术难点

（1）专用胶水涂抹时应与指皮保持 0.8 mm 的距离，避免专用甲粉与指皮靠得太近。

（2）铺撒专用水晶粉时要均匀，不得堆靠在一起。

（3）速干剂在使用时要与甲面保持 20～30 cm 的距离，切不可直对面部。

（4）打磨的时候不可太用力，用 180 号砂条就可以了。

（5）粉胶甲与其他接长指甲一样，拥有多种不同的颜色，如镭色粉胶甲、焕彩镭色粉胶甲等。

❓本章习题

1. 水晶指甲的作用是什么？

2. 丝绸甲与水晶指甲的区别是什么？

3. 举例说明使指甲表面平滑以便填补的步骤。

4. 如果贴片胶弄到手上，用什么方法或材料可以去除？

5. 怎样安全地使用消毒干燥黏合剂？

6. 指托板有哪几种类型？

7. 水晶笔的保养方法是什么？

8. 怎样卸除自然指甲上的各种覆盖物？

9. 请简述丝绸甲、凝胶甲、玻璃纤维甲和纸甲等材料的特性。

10. 请简述丝绸甲、凝胶甲、玻璃纤维甲和纸甲等材料的储存方法。

第5章　装饰指甲

本章知识点：色彩的构成。

本章重点：丙烯颜料的性能及使用方法。

本章难点：手绘的技巧。

美甲手绘是顾客最喜欢的一项服务项目，通常顾客会将身边的景致、个人的心情和愿望作为绘画内容，要求美甲师为其设计图案。这对美甲师的艺术素质水平都是一种挑战。美甲师要学习、观察色彩的和谐与呼应，从自然景物、艺术展览会、高水平的时尚刊物中得到启示，同时，在平时要加强手绘训练，重复练习，从量变达到质变，积累绘画图案素材，这些都是提升个人服务水平的很有效的方法。

第1节　色彩构成及色彩美

学习目标

1. 将时尚作为一种沟通方式，理解手绘艺术是美甲形式的时尚表达。

2. 通过学习运用色彩的知识，将点、线、面进行组合，设计出先声夺人的画面。

3. 学会运用自然美与形状美、色彩美与构图美的关系，提炼出感人至深的内涵。

相关知识

一、色彩美学的观点

色彩的科学知识是理解色彩美学的重要铺垫。色彩美的表达集中体现在理论和实践两个重要层面上，在艺术哲学意义上，两者完整地反映了色彩本质中所包含的关系，是既相互独立又相互补充的对立统一关系。

1. 色彩构成

色彩构成是遵循科学和艺术的内在逻辑而对色彩进行搭配组合的过程。它包含了自然与人文两大学科，所涵盖的知识领域极为广泛。

色彩产生的三要素：光、物体、健康的视力。

2. 色彩美

首先，美甲师要实践体验色彩美，依赖于理论的引导认识三原色（见图5—1—1），并感受色彩的冷暖变换（见图5—1—2）。

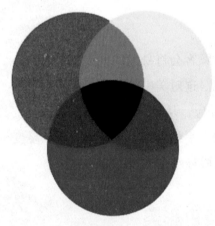 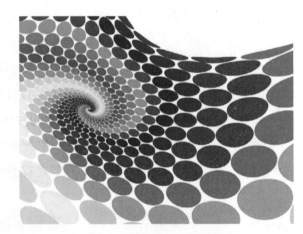

图5—1—1　色彩三原色　　　　　　　　　　图5—1—2　色彩的冷暖

色彩艺术实践证明，通过系统理论知识的学习，不仅能够帮助我们较理性地掌握色彩美的实质及其组合原理，而且在拓宽自己的色彩视野，提高艺术修养等方面，都会起到积极作用。

二、色彩的三要素

在有彩色系中，任何一种色彩都具有三个基本要素，即明度、色相和纯度。这三个要素是三位一体、互为依存的关系。改变三要素中的任何一个，都将影响原色彩的外观效果和色彩个性。而在无彩色系中只有明度要素，而没有纯度和色相。

1. 明度

明度是指色彩的明暗或深浅程度，也称"光度"，它是一切色彩想象所具有的共同属性。在五彩色系中，最高明度为白色，最低明度为黑色，介于两者之间为系列灰色。在有彩色系中，最明亮的是黄色，最暗淡的是紫色。另外，任何一种颜色加白便提高明度，加黑则降低明度（见图5—1—3）。

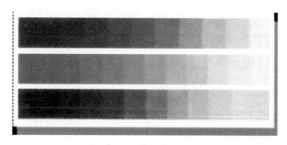

图 5—1—3　明度渐变

2. 色相

色相指色彩的相貌，是有彩色系颜色的主要特征。色相中以红、橙、黄、绿、青、蓝、紫的光谱色为基本色相。但由于青、蓝相似，也可以归纳为一种色（见图5—1—4）。

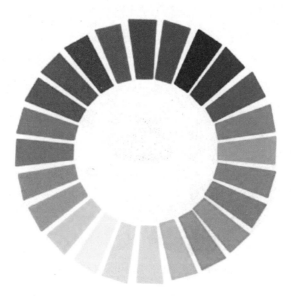

图 5—1—4　24 色相环

3. 纯度

纯度指色彩的饱和程度，又称"彩度""艳度""鲜度"或"饱和度"。凡有纯度的色彩，必有相应的色相感。各色相最高纯度、色的知觉度不同，明度也不同。

高纯度的色相加白、加黑，将提高或降低色相的明度，同时也会降低它们的纯度。

三、色彩的混合

把两种或两种以上的色彩混合起来，调配出新色彩的方式，称之为色彩混合。在美甲手绘中，需要掌握色料混合的技巧如下。

1. 色彩三原色也称为"一次色"，即品红、柠檬黄、湖蓝。当它们以不同比例进行颜色混合时，则可获取所有的色彩。

2. 三原色中相邻两色等比例混合后，可显示出橙、绿、紫三种色彩，它们称为"间色"或"二次色"。

3. 使用一个原色和另外两个原色的混色（红与绿，黄与紫，蓝与橙），或两个间色相混合产生的色彩，通称"复色"或"三次色"。

4. 补色关系。对比最强烈的三组颜色：红与绿、黄与紫、蓝与橙（见图5—1—5）。

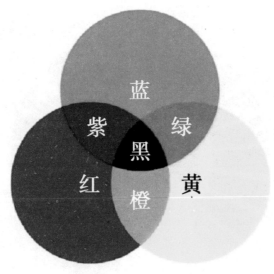

图5—1—5 色彩的混合

四、色彩的能量

色彩的能量带给人们不同的心理感受。从冷暖色调的强烈变化到中性色调的平和，人们可以从中获取能量（见图5—1—6至图5—1—8）。

图5—1—6 暖色调　　　　　图5—1—7 冷色调　　　　　图5—1—8 中性色调

1. 绿色

大自然色，给人和平、年轻、新鲜的感觉；安宁、静止的特性有益消化；绿色的能量可以促进身体平衡，起到镇静作用，舒缓人们疲劳的脑神经和视神经（见图5—1—9）。

图5—1—9 绿色

2. 红色

红色是品质最纯粹的三原色之一，对人的视觉刺激效果最显著，最容易引人注目。红色在饱和状态时，不仅能向人们传递出热烈、喜庆、吉祥、兴奋的能量，而且释放出危险的心理信息。视觉对其感应最为敏感迅速，于是红色也用来表示危险的信息，如停止通行的信号灯、牌、旗等（见图5—1—10）。

图 5—1—10 红色

3. 橙色

橙色是红色与黄色的中和色，其明度偏亮，橙色多与光明、华丽、富强、丰硕联系在一起，同时又释放出成熟、甜蜜、快乐、温暖的能量，展现辉煌、富贵、冲动等千差万别的寓意，当色彩连接不同文化背景时，会给人迥然不同的心理启迪（见图 5—1—11）。

图 5—1—11 橙色

4. 黄色

黄色明度高，色相纯，色觉温和，可视性强，具有非常宽广的领域。它向人们揭示着光明、纯真、活泼、轻松、智慧，又将任性、权势、高贵、诱惑等思想寓意表达出来（见图5—1—12）。

图5—1—12 黄色

5. 蓝色

蓝色富有既纯正又高贵的特质。古今中外的人们对这种既亲近又遥远的色彩现象产生过无限的幻想和憧憬。饱和度最高的蓝色标志着理智、深邃、博大、永恒，运用蓝色又可以将保守、冷酷描绘出来（见图5—1—13）。

图5—1—13 蓝色

6. 紫色

紫色把人们的思想引导到一种深沉、庄重的精神和情感境界中去，紫色的心理感受比较复杂，既有高贵、端庄、幽婉的一面，也有神秘、不安的心理感觉。同时，紫色还有压抑、傲慢、哀悼等的心理感受（见图5—1—14）。

图 5—1—14 紫色

7. 白色

白色固有的一尘不染的品质特征，使人们常能从中体会到纯洁、神圣、光明、洁净、正直、无私，同时又具有空虚、缥缈的思想暗示（见图5—1—15）。

图 5—1—15 白色

8. 黑色

黑色多呈现出力量、严肃、永恒、刚正的内涵，同时也有表达哀悼、暗、罪恶、恐惧的情绪（见图5—1—16和图5—1—17）。

图5—1—16　黑色1

图5—1—17　黑色2

9. 灰色

在心理感应上，灰色是正能量，给人以柔和、平凡、谦逊、沉稳、含蓄、优雅的形象，同时又表达中庸、消极等情绪（见图5—1—18和图5—1—19）。

图 5—1—18 灰色 1

图 5—1—19 灰色 2

第2节 指尖色彩与图案赏析

学习目标

1. 掌握指甲方寸空间的色彩运用。

2. 了解环境色彩与指尖色彩的呼应。

相关知识

每一个独立的色彩都有重要的存在表达。思想与智慧可以将个性、心境、情绪渲染到极致。这是美甲设计的最具挑战性的工作。

一、前缘形状与图案的设计关系

1. 流淌的液体与椭圆形的前缘给人以柔和浪漫的感觉（见图 5—2—1）。
2. 尖形伸展的前缘配以荷花，创造了个性独特的生长动感（见图 5—2—2）。

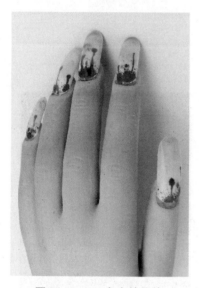 

图 5—2—1　自由的旋律　　　　　　　图 5—2—2　荷韵

二、造型设计与情景的呼应

不同的季节，通过美甲可以表达出顾客不同的心境。例如，万圣节的狂欢、圣诞节的风雪，美甲造型触景生情（见图 5—2—3 和图 5—2—4）。

三、简约设计的感悟

直线的伸展与刚硬，斜线的速度与运动感也可以成为简约设计的元素（见图 5—2—5 和图 5—2—6）。

图5—2—3 万圣节

图5—2—4 雪的联想

图5—2—5 秘语

图5—2—6 简爱

工作程序

一、手绘实例与详解

1. 向日葵和郁金香组合花卉的画法

（1）在指甲表面均匀地涂一层底油，两层红色甲油，让其完全干燥（见图5—2—7）。

（2）用造型毛笔蘸棕色的丙烯颜料，在指甲上有意图地选择一处，画出向日葵花心（见图5—2—8）。

图5—2—7　涂底色　　　　　　　图5—2—8　点花心

（3）用造型毛笔蘸黄色的丙烯颜料，在指甲上有意图地选择一处，画出第一层花瓣（见图5—2—9）。

（4）用造型毛笔蘸黄色的丙烯颜料，在第一层花瓣的相互交叉处叠错，画出第二层花瓣，并勾出花心的不同颜色。定好叶子的摆放位置，用笔的同时注意叶子的造型（见图5—2—10）。

图5—2—9　绘制黄色花瓣　　　图5—2—10　绘制第二层黄色花瓣

（5）绘制郁金香的形状、大小及摆放次序，确定好准确位置（见图5—2—11）。

（6）用手绘笔绘出叶子的叶脉，给花勾出明暗关系，并点缀一些装饰圆点（见图5—2—12）。

图5—2—11 绘制郁金香　　　　　图5—2—12 勾出明暗关系

（7）用白色短线条给叶子及花瓣、花心亮面的正确位置点上高光（见图5—2—13）。

（8）向日葵花心点缀绿水钻完成构图，如图5—2—14所示。

图5—2—13 勾白　　　　　　　图5—2—14 完成图

2. 抽象图案绘画步骤（见图5—2—15至图5—2—20）

图5—2—15 步骤一　　　图5—2—16 步骤二　　　图5—2—17 步骤三

图5—2—18 步骤四

图5—2—19 步骤五

图5—2—20 步骤六

3. 风景图案绘画步骤（见图5—2—21至图5—2—26）

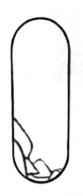

图5—2—21 步骤一

图5—2—22 步骤二

图5—2—23 步骤三

图5—2—24 步骤四

图5—2—25 步骤五

图5—2—26 步骤六

二、荷花的组合构图

1. 针对荷花元素中的线描造型图（见图5—2—27）。

图5—2—27　线描图

2. 组合荷花造型图（见图5—2—28）。

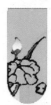

图5—2—28　荷花图

3. 动物、植物、山水、人物图案（见图5—2—29至图5—2—32）。

图5—2—29　荷塘恋歌

图5—2—30　花季

图 5—2—31　小桥人家

图 5—2—32　家园

注意事项

1. 美甲组合图案的设计与实际应用存在位置错落的差距。
2. 组合画面的构图要有重点、次重点。
3. 手绘中应避免线条混乱、色彩浑浊、造型呆板等问题。

第3节　美甲构图的方法

学习目标

1. 掌握指尖构图方法

构图是美甲艺术当中把直线、斜线、曲线与圆形、方形、锥形巧妙结合产生的艺术效果，美甲师可以在方寸之间体现曲线的柔美、直线的伸展、斜线的速度，表达圆形的充实、方形的庄重、锥形的升腾。

2.根据顾客的手型、甲型选择正确的构图形式。

相关知识

手绘甲片中常用构图十八式。

一、纯色式（见图5—3—1）

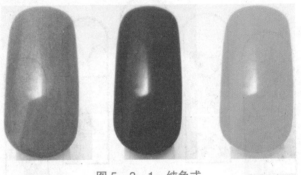

图5—3—1　纯色式

二、三分式（见图5—3—2）

图5—3—2　三分式

三、侧分式（见图5—3—3）

图5—3—3　侧分式

四、前缘式（见图5—3—4）

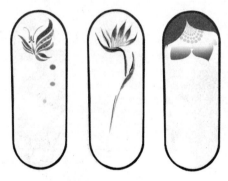

图5—3—4　前缘式

五、中点式（见图5—3—5）

图5—3—5　中点式

六、后缘式（见图5—3—6）

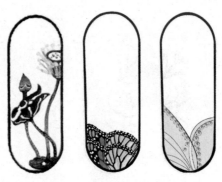

图5—3—6　后缘式

七、交错式（见图5—3—7）

图5—3—7　交错式

八、流动式（见图5—3—8）

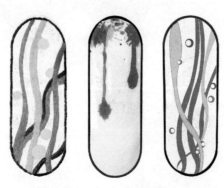

图5—3—8　流动式

九、渐变式（见图5—3—9）

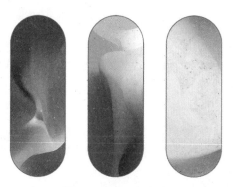

图5—3—9　渐变式

十、出墙式（见图5—3—10）

图5—3—10　出墙式

十一、散点式（见图5—3—11）

图5—3—11　散点式

十二、充满式（见图5—3—12）

图5—3—12　充满式

十三、对应式（见图5—3—13）

图5—3—13　对应式

十四、排列式（见图5—3—14）

图5—3—14　排列式

十五、暗衬式（见图5—3—15）

图5—3—15　暗衬式

十六、斜分式（见图5—3—16）

图5—3—16　斜分式

十七、对称式（见图5—3—17）

图5—3—17　对称式

十八、网格式（见图 5—3—18）

图 5—3—18 网格式

美甲构图十八式基本涵盖了指尖艺术的构图形式，作为美甲师应反复练习，熟能生巧。

第4节 实用手绘的技巧与准则

学习目标

1. 能够绘制规定题材的图案。
2. 掌握中级手绘技巧。

相关知识

一、手绘毛笔的使用方法

1. 托笔可以画出流畅的线条。

2. 笔肚蘸满颜色，然后在笔尖上再蘸上另一种颜色，下笔时转动笔杆，形成自然过渡的色彩效果。

3. 笔肚和笔尖蘸有不同的颜色，用按压的方法可以形成过渡自然的色块。

二、丙烯酸颜料的性能及使用方法

1. 丙烯酸颜料的特点是干得快，用后可用水清洗。可以用在包括帆布、棉布、纸、木头、皮革、塑料、砌砖或任何不太油或不太光亮的物质上。丙烯酸颜料干燥后是防水的，是室外或在棉布上绘画的理想材料。但若粘污衣物，不及时清洗就会留下污渍。

2. 丙烯酸颜料可用水调和，也可直接使用。但要掌握绘画时间，否则会因为干得太快，无法使用从而造成浪费。

三、色彩的运用

1. 色彩的运用

（1）色调

画面色彩总的倾向称为色调。从感觉上分为冷暖色调两种，源于人们生活的长期经验。一般倾向于橙色为暖色调，使人联想到烈火；蓝色为冷色调，使人联想到冰、水或天空。

（2）对比与协调

对比与协调是处理色调的重要方法。

1）用同类色（如土绿、草绿、中绿等）组成色调时要强调明度区别。

2）用近似色（在色环上相邻的色彩，如蓝与绿构成的色调等）组成色调时除了强调明度变化外，还要在面积上加以区别。

3）用对比色，特别是补色关系的对比色构成色调时，要拉大面积之间的区别和鲜灰的差别，如"万绿丛中一点红"。

（3）色系

无彩色系指的是黑、白、灰、金、银这些颜色，它们与任何色彩都可以协调，当两种色块对比过于强烈时，可用无彩色系中的一种起到缓冲、过渡的作用，使两色感觉协调。

（4）并置

两种色块或两种以上的色块反复出现在画面上时，称为并置，它是一种特殊的协调方式。

2. 构图观点

（1）走势

在画面上安排线条和轮廓时务必有一个总的倾向，这种倾向叫走势。

（2）呼应

呼应是指主要联系和次要联系的顾盼关系，相同色块上下左右的安排有面积上的区别。

（3）节奏

节奏主要体现在疏密的变化和重复上。

（4）重视形式感

直线的应用给人以延伸、扩展、锋利的感觉；而曲线给人以流动、柔美、浪漫的感觉。

3. 丙烯颜料的特点有湿画和干画两种

（1）湿画是指在一色未干时，加入另一种颜色可以自然融合。

（2）干画则是在一种颜色干后，再加另一种颜色加以覆盖。若覆盖的色薄，则可透出底色，产生特殊效果；若覆盖的色厚，则可盖住底色。

四、手绘五要素

1. 准确的形状

形状要准确是指所要画的物体的外形轮廓和大小比例要到位，只有这两点都做到了，才能达到形状准确的要求。

2. 准确的位置

准确的位置不仅是指所画的物体在画面中的落点要准确，而且要求色彩的摆放位置准确，只有位置准确了才能保证画面整体效果达到预期。

3. 准确的大小关系

大小关系要准确是指所画的物体间的面积关系要准确。有时画面的远近层次也是通过物体间的面积大小来体现的，大的给人以拉近的视觉感受，而小的则有后退的感觉。

4. 准确的明暗关系

明暗关系要准确，画面中的物体层次需要有准确的明暗对比来体现，准确的明暗关系加强了整个作品的画面效果，具有纵深、层次的视觉感受。

5. 准确的色相

色相要准确是指颜色区分要明确。色相是指颜色的长相，它是一幅作品能否成功的重要保证。

（1）甲油胶手绘作品展示如图5—4—1和图5—4—2所示。

图5—4—1　作者：王青青　　　　　　　　　图5—4—2　作者：王珍妮

（2）甲油胶手绘作品：造型设计展示如图5—4—3和图5—4—4所示。

图5—4—3　维多利亚的秘密　　　　　　　　图5—4—4　浪漫鸡尾酒

设计理念的分析将在高级美甲师教程中介绍。

五、指甲色彩对应肤色的规律

1. 皮肤白嫩的手指适宜大多数的颜色，可用淡粉色连接皮肤，给人以自然清新的感觉。

2. 皮肤发黄的手指不适宜用紫色或金色的颜色，可以用纯度高的亮色。

3. 皮肤发红的手指不适宜用肉粉色或黑色，而用大红色则会非常漂亮。

4. 皮肤发黑的手指不要用黑色甲片，而要用纯度高的亮色或金色的颜色。

六、指尖图案的艺术效果

1. 几何类基础图案要工整严谨，具有极强个性和装饰性（见图5—4—5）。

2. 绘画性图案必须生动，线条流畅，具有良好的艺术感（见图5—4—6）。

图5—4—5 几何类基础图案

图5—4—6 绘画图案

3. 抽象图案设计要大胆夸张，具有变形后的视觉冲击力（见图5—4—7）。

设计中要注意把生活情趣的渲染、内心世界的描绘，通过运用手绘技巧来准确表达。同时，掌握上述准则，设计将会事半功倍。运用艺术来源于生活的原理，从实际生活需求着手，完成美丽的升华。

图5—4—7 抽象图案

工作程序

一、服务范围

中级手绘指甲，服务时间60 min。

二、本节用品

消毒液（浓度41%的福尔马林）、消毒液容器、毛巾、垫枕、浓度75%的酒精、棉花（片）、棉花容器、洗甲水、桔木棒、小镊子、指甲刀、180号打磨砂条、粉尘刷、浸手碗、护理浸液、指皮软化剂、指皮推、V形推叉、指皮剪、营养油、自然甲抛光块（条）、底油、彩色甲油、亮油、手绘笔、调色板、丙烯颜料、笔洗、一次性纸巾、废物袋。

三、准备步骤

1. 消毒工作台。

2. 从消毒柜中取出干净的毛巾铺在工作台上，另卷起一块毛巾或用固定垫枕垫在毛巾下顾客的手腕处。

3. 准备好已消毒完毕的工具和用品。

4. 清洁自己和顾客的双手。

5. 总是从左手到右手，从每只手的小指开始工作。

6. 给顾客的双手做好自然指甲基本护理（从消毒至涂抹甲油之前）。

四、规范操作程序

1. 设计好顾客认可的图案。

2. 向顾客推荐与其相适合的甲油颜色。

3. 涂抹甲油前收费。

4. 再次给自己和顾客的双手消毒。

5. 在顾客的指甲上涂上一层底油、两层彩色甲油。

6. 涂甲油的过程中如需清理，则用桔木棒制作棉签，蘸取洗甲水清理涂到指甲表面以外的甲油。

7. 在甲油底色干透后开始勾画。

8. 勾画完毕，在指甲上涂上一层亮油。

9. 把所有使用过的工具放入盛有消毒液的容器内浸泡消毒。

10. 清理工作台。

11. 建立顾客档案，预约下一次服务时间。

五、中级线条及花卉图案练习（见图5—4—8至图5—4—11）

图5—4—8 花卉图案练习1

图5—4—9 花卉图案练习2

图5—4—10 花卉图案练习3

图5—4—11 花卉图案练习4

六、中级手绘实例

1. 在指甲表面均匀地涂一层底油，两层蓝色甲油，让其完全干燥（见图5—4—12）。

2. 用手绘笔蘸红色的颜料在指甲上合适的地方画出第一层花瓣（见图5—4—13）。

图5—4—12　涂底色

图5—4—13　绘制第一层红色花瓣

3. 用手绘笔蘸黄色的颜料在第一层花瓣的孔隙上叠错画出第二层花瓣，点上白色的花心（见图5—4—14）。

4. 画出白色的装饰线条和圆点，完成构图（见图5—4—15）。

图5—4—14　绘制第二层黄色花瓣

图5—4—15　勾绘白色装饰线条和圆点

5. 在指甲表面均匀地涂一层底油，两层红色甲油，让其完全干燥（见图5—4—16）。

6. 用手绘笔蘸白色的颜料在指甲上合适的地方画出叶子和花（见图5—4—17）。

图 5—4—16　涂底色

图 5—4—17　绘制白色的花瓣底色

7. 用手绘笔勾出叶子的叶脉，勾出花的明暗关系，点缀一些装饰圆点（见图5—4—18）。

8. 用手绘笔勾出花藤，完成构图（见图5—4—19）。

图 5—4—18　绘制红色花心和绿色花瓣

图 5—4—19　绘制白色装饰线条和圆点

七、实用型美甲展示

1. 金属物语

评语：天与地一次碰撞，清冽且炙热，在指尖留下经久不息的回响（见图5—4—20）。

2. 几何趣味

评语：突破俗世里的一切束缚，还自己一个激荡，这是属于指尖线条的睿智（见图5—4—21）。

图5—4—20 金属物语

图5—4—21 几何趣味

3. 青春之歌

评语：青春甜美得不忍回顾，第一口草莓蛋糕顺着舌尖滑下，跃动的喜悦如你的纤纤玉指（见图5—4—22）。

4. 热带风暴

评语：雨林里的负离子浓郁盛夏，像那火烈鸟的吻停留指尖（见图5—4—23）。

图5—4—22 青春之歌

图5—4—23 热带风暴

制作步骤详见高级美甲师教程。

八、中国式美甲创意

1. 狂野秋天（见图5—4—24）。
2. 幸运星座（见图5—4—25）。

图5—4—24　狂野秋天

图5—4—25　幸运星座

3. 灵动猴年（见图5—4—26）。
4. 路遥识君（见图5—4—27）。

图5—4—26　灵动猴年

图5—4—27　路遥识君

5. 飞翔的梦（见图 5—4—28）。

6. 中国式美甲创意组图（见图 5—4—29）。

图 5—4—28　飞翔的梦

图 5—4—29　中国式美甲创意组图 （作者：刘秀岚）

绘画步骤详见高级美甲师教程。

注意事项

1. 注意构图的巧妙和位置的安排。

2. 能够在背景的花和叶的着色上有大胆的设计，不但上色均匀，而且色调较为高级。

3. 注意细节的处理，比如叶的走向、花瓣、枝干的动态有风吹动摇曳的感觉。

4. 绘画三忌。

（1）忌运笔飘浮。

（2）忌层次不清。

（3）忌刻板。

本章小结

色彩理论有待于实践的检验，作为色彩入门者，只有借助大量深入而又系统的练习去核实色彩原理，磨炼色彩感觉，提高表现技巧，最终获取色彩美的真谛，才能在方寸之间的指甲上创造生活的情趣，汇聚色彩的能量，起到热爱生活、创造生活的积极作用。

本章习题

1. 手绘的技巧要素是什么？
2. 构图的要素是什么？
3. 色彩的构成是什么？
4. 什么是无彩色系的颜色？
5. 绘制四季花朵各一种。
6. 怎样保护绘画工具？
7. 简述用色的两种方法。
8. 怎样使用无彩色系的颜色？
9. 怎样表现过渡色？
10. 色彩面积的大小起到什么作用？